Hannsdieter Loy
Jahre des Donners

Hannsdieter Loy

Jahre des Donners

Mein Leben mit dem Starfighter

Ein Zeitzeugenroman

rosenheimer

Für Hagen und Falko

Besuchen Sie uns im Internet unter
www.rosenheimer.com

Besuchen Sie den Autor im Internet unter
www.starfighter-der-roman.de
und www.oberbayern-krimi.de

© 2011 Rosenheimer Verlagshaus
GmbH & Co. KG, Rosenheim
Lektorat und Satz: VerlagsService Dr. Helmut Neuberger &
Karl Schaumann GmbH, Heimstetten
Fotos im Innenteil: Gottfried »Blacky« Schwarz, Düren,
und Archiv Kropf
Titelfoto: ©
Druck und Bindung: CPI Moravia Books s.r.o.
Printed in Czech Republic
ISBN 978-3-475-54088-2

Inhalt

BILD zählt mit	7
Blitz und Hagel	12
Todesbote	25
Die Frau des Piloten	32
She's a pilot's aircraft	38
Angst	55
Cactus Starfighter Staffel	58
Narvik, ungeplant	66
Wüstenstaub	72
Komm zur Luftwaffe!	77
Cockpitfeuer	81
Sechzigerjahre	88
Airshow	97
Steinhoff	107
Atomkrieg	111
Pilotenalltag	116
Survival	120
Victor Lakota	132
Marineflieger	139
Senior Pilot	147
Desaster am Himmel	160
Gaukelspiel	166

Cha cha cha d'amor 170
Judas 176
Decimomannu 184
Intermezzo Schleudersitz 194
Stromausfall 198
Happy Hour 207
Diva 212
Cowboy 217

Literatur 223

BILD zählt mit

»Wie kommt man am leichtesten zu einem Starfighter?« – »Man kauft sich ein paar Quadratmeter Grund und wartet.«

Dieser makabre Witz aus den Sechzigern und Siebzigern des vergangenen Jahrhunderts spielt auf das Debakel um den legendären Kampfjet an. In einem einzigen Jahr – 1965, dem schwärzesten – fielen 26 sechs Millionen D-Mark teure deutsche F-104G Starfighter vom Himmel, gingen in Flammen auf, zerschellten am Boden. 17 Piloten, alles junge Männer Mitte der zwanzig bis Mitte der dreißig, kamen dabei ums Leben – wie gesagt in einem einzigen Jahr und in Friedenszeiten. Es ist nicht überliefert, wie viele junge Frauen damals um ihren Mann weinten. Vielleicht waren es zehn Witwen oder mehr? Man heiratete damals noch jung.

»Sind Sie die Witwe Meier? – Nein, ich bin Frau Meier. – Wetten dass?« – Auch das war einer der damaligen Insiderwitze zur Angstabwehr.

Ich habe einmal versucht zusammenzuzählen, wie oft ich bei einer Trauerfeier für einen meiner Kameraden – in der Militärfliegerei sagen wir Kameraden, nicht Kollegen – dabei war. Ich kam auf knapp vierzig Trauerfeiern innerhalb von fünfzehn Jahren. In Uniform stand ich also vierzig Mal am Grab, oft als Freund, Gott sei

Dank seltener als Vorgesetzter, und salutierte ein letztes Mal vor ihnen, während die Luftwaffenbläser spielten und der Trommler rührte. »Ich hatt' einen Kameraden, einen bessern find'st du nicht ...« Selbst beim vierzigsten Mal hatte man noch mit den Tränen zu kämpfen.

Ich selbst hatte eine Frau und zwei kleine Söhne. Ich flog den Starfighter, und ich flog ihn gern. Wir Piloten drängten uns danach, jeden Tag ein oder zwei Missions (Übungseinsätze) fliegen zu dürfen, vielleicht noch einen Nachtflug dazu – trotz der monatlichen Abstürze, die sich im Kopf natürlich summierten.

Hatten wir Angst in jener Zeit? Ich will die Frage so beantworten: Ich habe mich in der Früh von meiner Familie jeden Tag so verabschiedet, als ob es das letzte Mal sei, und Ingrid und Klein-Hagen und Klein-Falko haben sehr sinnbewusst Auf Wiedersehen gesagt. Doch persönlich Angst hatte ich nie. Nein, Angst war es nicht, nicht also die Furcht vor dem tödlichen Absturz, vor dem Tod. Es war vielmehr die Ungewissheit, die vorauslief. Wir hatten eine eiserne Regel, an die wir uns klammerten und die uns Halt verlieh: Es sind immer die anderen, die herunterfallen, nie ich. So dachten alle. Das galt natürlich nur für diejenigen, die nicht den tödlichen fünfzehn F 104-Unfällen des Jahres zum Opfer gefallen waren. Es war eine Art Lotteriespiel, dessen Chancen man sich ziemlich verlässlich ausrechnen konnte. Von zwei Abstürzen überlebte einer, der andere war tot. Der nächste kam nach Hause, der nächste starb, und zwar stets in dieser Reihenfolge. Er liebt mich, er liebt mich nicht. Auf diese Weise bildete sich in den Köpfen die makabre Vorstellung: Wenn schon runterfallen, dann nach einem, der dabei umgekommen ist.

Am Ende waren es 292 Maschinen und 108 getötete Piloten – ziemlich genau das Verhältnis Eins zu Zwei.

Es war nicht nur Aberglaube. Die Reihenfolge um den Fliegertod meines Freundes Joachim »Joe« Adam beweist es. Joe war mit sieben anderen F-104 auf Nachtflug unterwegs, und ich hatte an diesem 5. November 1969 Dienst als OVG im Wing Ops (Offizier vom Gefechtsstandsdienst im Geschwadergefechtsstand) des Aufklärungsgeschwaders 52 in Leck an der dänischen Grenze. Wie dramatisch die Operation verlief, werde ich nachher schildern. Doch statistisch war es so: Der letzte F-104-Unfall vor Joe hatte sich am 31. Oktober, fünf Tage vor seinem Todestag, ereignet. Der Pilot war von der Startbahn abgekommen und hatte sich mit dem Schleudersitz retten können. Er blieb unverletzt.

Nach Joe Adam passierte zweieinhalb Monate nichts. Am 22. Januar 1970 stießen dann zwei deutsche Starfighter in der Luft zusammen. Der Flugzeugführer des einen konnte aussteigen, der andere wurde getötet.

Zwei Wochen später, am 4. Februar, verlor ein Kapitänleutnant der deutschen Marine bei einem Trainingsflug in Arizona die Kontrolle über sein Flugzeug und betätigte den Schleudersitz. Er überlebte.

Im Durchschnitt verunglückte damals alle zwei Wochen eine Hundertvier. Entweder sie stürzte ab oder – eher selten – es passierte am Boden etwas. Unmittelbar vor dem Joe-Adam-Unfall am 5. November sah das allein im Jahr 1969 so aus: 5. März zwei voneinander unabhängige Unfälle, 25. März, 15. April, 30. April, 22. Mai, 9. Juni, 8. Juli, 11. Juli, 30. Juli, 27. August, 15. September, 13. Oktober, 29. Oktober, und, wie gesagt, der nicht tödliche Unfall am 31. Oktober.

Fünfzehn Totalschäden also in unserem Beispieljahr 1969. Wollen Sie raten, wie viele junge Piloten dabei getötet wurden? Es waren neun.

Ein gefundenes Fressen für die Presse! »*BILD* zählt mit«, war einer der Slogans. Von »Starfighter-Tragödie«, »Skandal«, »Affäre«, von »erschreckenden Schadens- und Absturzquoten« war die Rede. Vermutlich ist es unbegreiflich, dass die Maschine bei uns Piloten trotz der Abstürze beliebt war wie keine andere. Wir waren stolz. Wir haben sie einfach gern geflogen. Die Hundertvier war gut zu fliegen. Doch bei Fehlern war sie wenig nachsichtig. Sie verzieh nichts. Das wussten wir und nahmen es in Kauf.

Freitag, 11. Juni 2010. Ich war auf dem Weg nach Berlin. Wir Mitglieder der Cactus Starfighter Staffel trafen uns regelmäßig zur ILA, der Internationalen Luftfahrtausstellung in Berlin-Schönefeld, die alle zwei Jahre stattfand. Alle Starfighterpiloten, die je in Arizona umgeschult oder ausgebildet worden waren, waren automatisch Mitglied dieser inoffiziellen Einheit. Von insgesamt etwa 600 dieser »Arizona-Piloten« kamen im Durchschnitt 200 bis 400 nach Berlin, allesamt seriöse ältere Herren, die einen im Blazer mit Krawatte, andere in Jeans und Sweater, der eine oder andere schon etwas gebrechlich, die meisten mit Golfspielermentalität, der Viersternegeneral neben dem Oberfeldwebel. Eine Minderheit brachte ihre Frauen mit. Beim Bier wurden Freundschaften aufgefrischt, alte Bekanntschaften erneuert. Wiedersehensfreude wie bei einem Abiturtreffen. Sie kamen aus den unterschiedlichsten Teilen Deutschlands, Europas, der Erde, und was sie miteinander verband, war das eleganteste, grazilste und beste Kampfflugzeug, das je gebaut wurde. So dachten hier jedenfalls alle.

Meine Gedanken wanderten immer wieder zurück, während der Motor leise schnurrte. Das letzte Mal war ich kurz nach der Wende mit dem Wagen auf der A8 nach Berlin gefahren. Nie mehr, hatte ich mir damals geschworen. Die Autobahn hatte nur aus Baustellen bestanden. Das hat sich seither dramatisch geändert.

In meiner Heimatstadt Nürnberg legte ich einen kurzen Halt ein, und wenige Kilometer hinter Hof musste ich an meinen Freund Joe Adam denken. Auch Joe hatte sein Flugzeug geliebt. Er war ein ausgezeichneter Pilot. Dass er 1969 sterben musste, war nicht sein Fehler. Es war auch nicht ein Fehler seines Flugzeugs. Es war ein Fehler des Systems.

Das Cockpit einer F 104 F Starfighter

Blitz und Hagel

November. Seit Tagen hat es geregnet, und es ist Nacht. Wind und Nässe beherrschen den Flugplatz, der sich unter der triefenden Wolkendecke zu verbergen versucht und in dieser Stimmung ebenso einladend aussieht wie jenes Auffanglager für Sibirienflüchtlinge ausgesehen haben mag, das es dort an der dänischen Grenze – nach dem Krieg tatsächlich gegeben haben soll.

Die Luftwaffenbasis Leck besteht auf den ersten Blick aus einer vier mal zwei Kilometer großen Wiese, umzäunt von Stacheldraht. Dabei wird die Wiese in Nordwest-Südost-Richtung von einem drei Kilometer langen Betonstreifen, der Startbahn, in zwei symmetrische Hälften geteilt.

In der Mitte erhebt sich der Kontrollturm, der Tower. Der Tower ist sozusagen das Herz des Flugplatzes. Bei schönem Wetter spiegeln sich Sonne und Wolken in seinen getönten Scheiben, und ab und zu krallen sich ein paar Spatzen in die rotierenden Schirme der Radaranlage und fahren schlingernd Karussell.

Jetzt aber, in der Novembernacht, dreht das grünweiße Leuchtfeuer seine Runden. Das Licht, dazu bestimmt, allen Himmelskörpern anzuzeigen, dass es sich hier um einen Militärflugplatz handelt, wird sofort von vorüberhuschenden Wolkenfetzen verschluckt. In Strömen gießt der Himmel Wasser auf Wiesen und Beton. Im Süden zucken Blitze.

Rundherum ducken sich rotgedeckte Steingebäude an zirkuszeltgroße Werfthallen. An jedem Ende der Piste haben sich Gruppen von halbrunden, grasbewachsenen Betonbunkern ausgebreitet, Shelter genannt. Ein einziges Kampfflugzeug findet in einem der vor Kurzem erst errichteten Shelter Schutz vor Witterung, Bomben und Entdeckung – sozusagen der Luxus einer Privatgarage für die selbstbewusste Diva.

Nur spärlich vermag der starke Scheinwerfer die Rollfläche vor Shelter Nummer zwölf zu erhellen und die tiefen Pfützen zu markieren. Noch sind die stählernen Tore des Bunkers geschlossen. Nichts deutet darauf hin, dass der Starfighter im Inneren des Shelters an ein tuckerndes Anlassaggregat angeschlossen ist und dass Hauptmann Joachim Adam im Cockpit bei schwachem rotem Licht seine Checkliste durchgeht und letzte Sicherheitsvorbereitungen trifft. Er trägt eine orangerote Fliegerkombi, die Navigationskarte für seine Nachtroute hat er an den rechten Oberschenkel geheftet. Er klopft auf das Gurtschloss, um zu überprüfen, ob die Schulter- und Beckengurte korrekt verriegelt sind. Dann zieht er an den blauen Beinrückholgurten, die von den Sporen an seinen Stiefelabsätzen zum Schleudersitz verlaufen und sich dort einklinken. Als letztes entfernt er den Sicherheitsstift mit dem roten Fähnchen, der den Ausschussmechanismus des Schleudersitzes blockiert. Der Schleudersitz ist jetzt scharf.

Der Flugplatz liegt bewegungslos und triefnass da.

»Panther Zero Two fertig zum Anlassen«, ist der erste Satz, den der Tower an diesem Abend hört. In Wahrheit ertönen die Worte in Englisch – die NATO-Fliegersprache ist Englisch.

»Okay, Sie können anlassen, Panther Zero Two.«

Die bombensicheren stählernen Sheltertore rollen zurück. Hauptmann Adam zeigt dem Wart den erhobenen Daumen der behandschuhten rechten Hand, das Anlassaggregat heult auf, Adam drückt den Anlasser, das Triebwerk startet.

Joe folgt im Cockpit einem umfangreichen Testprogramm. Alle Systeme okay, meldet der Computer. Der Wart entfernt die Außenanschlüsse. Joe Adam rückt den weißen Jethelm ein letztes Mal zurecht und überprüft die Sauerstoffmaske aus grünem Gummi, in der auch das Funksprechmikrofon verborgen ist. Er atmet reinen Sauerstoff. Joe mag diesen leicht scharfen, prickelnden Geruch in der Nase. Hundertprozentiger Sauerstoff schärft das Sehvermögen ebenso wie manch andere Fähigkeit in der Nacht. Joe schwört auf hundert Prozent Sauerstoff, ebenso wie Gisela, seine Frau, welche die positiven Auswirkungen zu spüren bekommt. Denn reiner Sauerstoff erhöht auch den Testosteronspiegel des Mannes.

»Panther Zero Two fertig zum Rollen.«

»Panther Zero Two, rollen Sie zu Startbahn 30 und melden Sie Startbereitschaft.«

Das deutschgefärbte, nasale Englisch des Chef-Controllers im Tower spult die trostlosen Wetterdaten herunter: Bewölkungshöhe zweihundert Fuß, Sicht neunhundert Meter, mittlerer Wind aus Nordwest, Temperatur vier Grad, starker Regen, Luftdruck 913 Millibar. Gewittergefahr im südlichen Schleswig-Holstein.

»Fehlt gerade noch, dass er mir auch noch sagt, dass es draußen dunkel ist«, denkt sich Joe und schaltet die Positionslampen an.

Der Chef der drei Fluglotsen im schwach beleuchteten Innenraum des Kontrollturms, ein Hauptmann, blickt auf die einschläfernd gleichmäßig rotierenden Segmente des grünlichen Radarschirms vor sich. Nachts um 23 Uhr ist nichts los in der Luft, kein Leuchtpunkt ist zu sehen, der ein Flugzeug angezeigt hätte. Regen rinnt in einem sich verästelnden System an der mannshohen Rundumverglasung des Gebäudes herab und reflektiert das Pulsieren des Leuchtfeuers auf dem Dach.

»Gib mal das Fernglas rüber«, fordert der Hauptmann den zweiten auf, einen Oberleutnant.

»Nur gegen eine Zigarette«, ist die Antwort.

Über die Schulter wirft er dem anderen eine angebrochene Packung zu. Er hört das Klicken des Feuerzeugs und riecht den ersten hastigen Zug, als er das Fernglas hebt, um die Richtung zu beobachten, aus der Panther Zero Two aus dem Regen auftauchen muss.

Noch ist auf dem tiefschwarzen Gelände nichts zu sehen. Er setzt das Glas wieder ab.

»Sind Sie schon mal in einem Starfighter gesessen?« fragt er den dritten, einen Leutnant, der neu ist und sich still im Hintergrund hält.

»Nein, noch nie«, krächzt der Neue, »aber vielleicht können Sie mir dazu verhelfen?«

»Okay, ich werd's probieren! Düsenjägerfliegen geht so: Mit der linken Hand geben die Piloten Gas, mit der rechten bedienen sie den Steuerknüppel, mit den Füßen die Ruderpedale und am Boden die Bremsen«, doziert der Hauptmann. »Von Hauptmann Adam sagt man, er müsse beim Start immer aufstehen, um den Gashebel ganz nach vorne zu schieben, weil er so klein ist.«

Er erwartet eine Resonanz der beiden anderen, aber keiner kichert. Mehr aus Verlegenheit hebt der Hauptmann das Nachtsichtglas wieder an die Augen und sucht die Richtung ab, aus der die Maschine auf dem Rollweg auftauchen muss. Noch nichts.

Der Oberleutnant bläst versonnen Kringel an die hohe Decke. »Von Hauptmann Adam heißt es, er sei einer der besten Piloten seiner Staffel«, meint er. »Der hat keine Nerven. Dem macht keiner was vor. Ich finde überhaupt, Piloten sind eine besondere Rasse. Nichts kann solche Menschen umwerfen, sie haben ein unerschütterliches Selbstbewusstsein. Ich muss es wissen, ich wollte auch mal einer werden.«

»Ja, und Adam ist ein toller Fußballer«, klinkt sich der Hauptmann wieder ein. »Ein harter Hund. Mir hat er einmal ganz übel mitgespielt.«

Bevor der Hauptmann sein Schicksal näher erläutern kann, reißt sein Kamerad das Fernglas an die Augen und wendet sich nach rechts. »Hey, da kommt er!«

Wie ein Dinosaurier taucht Joe Adams Starfighter aus den Regenschwaden auf. An einem erstaunlich schlanken Körper kleben kurze Stummelflügel, das Höhenleitwerk am oberen Ende des Vogels wird von rotweißen Warnleuchten angeblinkt. Vorne ragt wie ein überdimensionaler Dolch das Staurohr aus dem Leib, das im Flug die Geschwindigkeit misst.

»Ich glaube, Hauptmann Adam winkt uns«, bemerkt der Leutnant, der sich fast die Nase an der Scheibe platt drückt.

Joe grüßt lässig mit einem leichten Aufheulen des Triebwerks und verschwindet nun so lautlos blinkend, wie er gekommen war, Richtung Rollbahn.

»Panther Zero Two klar zum Start!« plärrt es im Tower blechern aus dem Lautsprecher, als der Starfighter die Piste erreicht hat.

»Okay, Mission Panther Zero Two, go!« Der Leutnant darf seinen ersten Nachtflug freigeben.

Der Start eines Starfighters beginnt mit einem zögernden Grollen, so als räkele sich ein Bär hungrig in seiner Höhle. Das Grollen wechselt in ein verzweifeltes, schrilles Brüllen über, das den Boden erzittern lässt.

Am Tag wirkt das Flugzeug überraschend winzig, wenn es abrupt aus einer Art Hocke schnellt, sich im doppelten Rennwagentempo feuerspeiend von der Erde trennt und von tiefhängenden Wolken verschluckt wird. Jetzt im November, bei strömendem Regen, tastet sich der Lichtbalken des Bugscheinwerfers die Startbahn entlang und wirft irritierende Schatten. Violettrot-blau feuerspeiend schiebt der Nachbrenner die Maschine unaufhaltsam nach vorn und hebt sie mit einem Ruck sanft in die Luft. Die Silhouette des Starfighters verschwimmt in einem blinkenden, gleißenden, zuckenden Spiel der Farben, bevor der Jäger schlagartig von der unfreundlichen Umgebung der unteren Atmosphäre verschluckt wird.

»Wahnsinn«, ruft der junge Leutnant im Kontrollturm, »einen Nachtstart hab' ich noch nie gesehen!«

Joe fährt die Startklappen und das Fahrwerk ein. In Sekunden steigt er auf 2000 Fuß (1 Fuß = 0,30479 Meter). In dieser vorgeschriebenen Flughöhe bleibt er.

Die Nachtflugroute führt mit 420 Knoten (1 Knoten = 1,8 km/h) über die Elbe an die Wesermündung, ins Weserbergland, hinüber in die Gegend von Münster, entlang der holländischen Grenze hinauf nach Norden an die Nordsee und von dort – grob gesagt – wieder zurück an den Heimatflugplatz in Leck. Dabei sollte man um diese Jahreszeit den Flug über die eiskalte Nordsee besser vermeiden. Eine Stunde und zehn Minuten, dann ist er wieder daheim und kann sich nach einem gemütlichen Bier in der Staffel auf Gisela freuen.

Ich habe Gisela später befragt. Wie jeden Tag hatten sie sich mit einem Kuss verabschiedet. »Nie hätte ich geglaubt, dass es unser letzter Kuss sein könnte«, erzählte sie mir unter Tränen.

Im Cockpit herrscht Dunkelheit. Draußen nur Grau und Schwarz. Irritierende Wolkenfetzen, von den Positionsleuchten rot und grün angestrahlt, jagen vorbei. Nur das Rotlicht hinter dem Glas der Rundinstrumente macht Joe eine Orientierung möglich. Ansonsten ist er an Schultern, Bauch und Beinen an seinen Schleudersitz gefesselt und umzingelt von elektronischem Gerät. Ein Starfighter enthält so vielfältige Mess-, Rechen-, Anzeigeskalen und Bedienungsanlagen, wie sie noch wenige Jahren zuvor kaum in Großbombern oder Passagierflugzeugen mit mehrköpfiger Besatzung zu finden waren.

Locker rührt die weiß behandschuhte rechte Hand den Steuerknüppel, um Höhe und Kurs zu halten. Die Linke, auf den Unterarm gestützt, ruckelt dabei kaum merkbar am Gashebel, um die Geschwindigkeit zu regulieren. Joes Blick wandert unablässig über sämtliche Instrumente, kontrolliert Triebwerks- und Öltemperatur, checkt die Position über Grund, überprüft das Bild auf dem Radarschirm vor ihm, behält den Treibstoffvorrat im Auge. Pausenlos überwacht er den künstlichen Horizont, die Anzeige für die Fluglage. Ein Pilot im Blindflug in Wolken ist wie ein Fußballtorwart, der im dicken Nebel auf den Elfmeter wartet. Fällt das Instrument aus, ist er verloren. Interpretiert er es falsch, gerät das Flugzeug außer Kontrolle.

Für Joe Adam ist das alles kein Problem. Das ist Routine. Das sind Fähigkeiten, die er sich in zweijähriger Ausbildung und später durch 1500 Flugstunden antrainiert hat, die ihm in Fleisch und Blut übergegangen sind. Nur – das fällt ihm auf, als er sich der Elbe nähert – die Turbulenzen werden heftiger. Die Elbe, das ist eine dicke schwarze Linie von links nach rechts auf dem Radarschirm. Und ganz oben im Bild zeichnet sich ein Gewitter ab: schwarze, unregelmäßig in Kreisform verteilte Flecken. Klar, Gewitter sind vorhergesagt. Kein Grund zur Beunruhigung. Auch die fällige Positionsmeldung ist Routine.

»Eider Control, Panther Zero Two over Elbe River, two thousand feet.«

»Roger Panther Zero Two. Watch heavy thunderstorms enroute, Position around Bremerhaven.«

Ja ja, die Gewitter. Joe hat mit der F-84 einmal eines erlebt, das ihn ordentlich durchgeschüttelt hatte. Als ein Blitz direkt vor dem Cockpitfenster in die Flugzeugnase eingeschlagen und sich wie eine brennende Giftschlange nach links zur Tragfläche hin verzogen hatte und dann verschwunden war. Sekundenlang war er geblendet gewesen, sonst war nichts passiert. Ach ja, nach der Landung hatten die Warte am Boden eine dicke

Schweißnaht festgestellt, die sich von der Flugzeugnase in gerader Linie zur äußersten linken Flächenspitze gezogen hatte und kurz hinter dem Positionslicht im Nichts verschwunden war.

Schlägt ein Blitz in einen Faradayschen Käfig ein, zum Beispiel ein Flugzeug, bleiben Personen im Innenraum ungefährdet, weil die elektrische Feldstärke im Innenraum erheblich geringer ist als im Außenraum. Ein physikalisches Gesetz. Joe Adam grinst unter der engen Maske. Gisela, kannst beruhigt sein. No sweat! (Kein Problem.)

Doch das Rumpeln wird stärker. Die F-104 wird hin- und hergeworfen und -gerollt wie ein Kajak im Wildwasser. Mit einem unguten Gefühl im Magen zieht Joe den Bauchgurt fester. Er wirft einen flüchtigen Blick nach unten und vergewissert sich noch einmal, dass der Sicherheitsstift des Schleudersitzes entfernt ist.

Er ist es.

Die Umrisse einer größeren Stadt an einem Fluss tauchen am Radar auf. Entfernung 22 Meilen bis Bremerhaven. Die Dunkelheit draußen wird vom erbarmungslosen Zickzack sich häufender Blitz durchzogen.

Höhe 2000 Fuß. Die behandschuhte Linke am Gashebel hat sich verkrampft. Die lockeren Bewegungen, um die Geschwindigkeit konstant zu halten, kommen jetzt ruckartig, nicht mehr flüssig. Jede Lässigkeit ist gewichen. Joe wirft einen Sekundenblick in den Rückspiegel direkt über ihm. Pilot mit weißem Helm und grüner Atemmaske im roten Schein der Instrumente. Schweiß rinnt ihm von der Stirn in die Augen. Er lauscht nach hinten. Wenigstens die Triebwerksgeräusche sind okay. Beruhigend!

»Lippe Radar, Panther Two Zero request higher altitude due to thunderstorm.«

Joe ist gar nicht mehr wohl in seiner Haut. Die Antwort der Flugsicherung wartet er erst gar nicht ab. Er zieht am Knüppel. Die Maschine folgt unmittelbar und steigt rapide in die Höhe.

Doch die Turbulenzen nehmen dort oben zu statt ab. Es herrscht blitzgesättigte Finsternis. Sein kleines Flugzeug ist ein Spielball der Gewalten. Der künstliche Horizont tanzt um die eigene Achse. Ein Höllentanz!

»Panther Two Zero, steigen Sie auf Flight Level Eight Zero (Flugfläche achtzig = 8000 Fuß). Bitte bestätigen!«

Scheiß achttausend Fuß! Er ist bereits auf über zwölf. Wie ist er dorthin gekommen? Er war auf achttausend ausgerollt. Hatten Wolken und Auftrieb ihn so weit hochgetragen?

Joe Adam erhält die Antwort unverzüglich. Eine Riesenhand hat sein Flugzeug gepackt und drückt es unaufhaltsam nach unten. Er stößt den Gashebel nach vorn und zieht den Knüppel an den Bauch. Er muss Geschwindigkeit und Höhe gewinnen! Das Triebwerk reagiert ohne Verzögerung. Es heult auf, die Beschleunigung versetzt Joe einen Schlag ins Kreuz. Doch der Zeiger des Höhenmessers rast nach unten. Achttausend Fuß … siebentausendzweihundert … sechstausend … Die Geschwindigkeit bewegt sich nahe der Schallgrenze, und er sinkt noch immer. Im Radar erkennt er die Wesermündung … nah, so nah … doch das Bild steht Kopf! Die Halbkugel des künstlichen Horizonts zeigt oben schwarz. Schwarz soll aber unten sein. Rückenflug! Unkontrollierter Flugzustand! In einem verzweifelten Versuch reißt Joe den Knüppel nach links zu einer halben Rolle. Die Fluglage ist wieder okay, aber sein eigener Gleichgewichtssinn, das kleine Männchen im Ohr, sagt ihm etwas völlig anderes. Die Geschwindigkeit nimmt ab, die Höhe nimmt zu. Der künstliche Horizont hat sich wieder aufgerichtet. Schwarz ist unten. Die Mühle steigt wieder!

Joe atmet tief aus. Er drückt den Sendeknopf des Radios (Funkgerät). Er will eine Meldung abgeben. Doch dazu kommt es nicht. Die nächste Riesenfaust umklammert das winzige Spielzeug mitten in der Gewitterfront. Sie packt es am Genick und schüttelt es durch wie einen nassen Hund. Projektile knallen gegen das Cockpitfenster und hämmern auf die silbrige Außenhaut von Panther Zero Two wie MG-Salven.

Joe Adam hört den Lärm, sieht, wie die Instrumente kreiseln. Sein Puls rast, das Herz schlägt ihm bis zum Hals. Er sucht nach einem Ausweg. Aber es gibt keinen Ausweg.

Bilder türmen sich, überschlagen sich, verdrängen einander. Es ist nicht so, dass sein ganzes Leben nun vor ihm wie ein Film vorbeizieht, dass er einen dunklen Tunnel sieht, wie es an der Grenze vom Leben zum Tod sein soll. Joe Adam will nicht sterben. Deshalb hat er auch keine Angst. Er ist mit einem Rettungssystem verbunden, das seinesgleichen sucht: Schleudersitz, Rettungsfallschirm, Schwimmweste, Schlauchboot, Notsender, alles automatisiert. Er ist voller Vertrauen und Zuversicht.

Spät erst, in allerletzter Sekunde, als alle seine Versuche fehlgeschlagen sind, die Kontrolle über das Flugzeug zu behalten, stemmt er sich gegen die irrsinnige Zentrifugalkraft und wuchtet die Arme nach oben. Seine Fäuste umklammern die beiden schwarz-gelb gestreiften Abzugsschlaufen des Schleudersitzes. Mit einem verzweifelten Ruck reißt er sie nach unten.

Ein stabiler Vorhang legt sich schützend vor sein Gesicht, die Beine werden an den Sitz gezogen, um sie vor Verletzungen beim Ausschuss zu bewahren. Erst dann wird das Kabinendach nach oben abgeworfen, ein Raketentreibsatz zündet den Sitz und katapultiert Joe ins tosende Wetter zweihundert Fuß weit nach oben. Becken- und Schultergurte springen auf, der sich öffnende Fallschirm zieht den Piloten senkrecht aus dem Sitz. Der gesamte Vorgang hat keine drei Sekunden gedauert.

Von all dem, von den Details, bekommt Joe Adam nichts mit. Er hängt am Rettungsschirm. Helmvisier und Sauerstoffmaske schützen sein Gesicht vor dem prasselnden Regen und dem Hagel. Wie in einem verrückt gewordenen Kettenkarussell wird er von Riesenkräften hin- und hergeschleudert. Bereits jetzt hat er eine Vorahnung, was noch alles auf ihn zukommen wird. Ostwärts sieht er die Lichter des Hafens von Bremerhaven leuchten, direkt unter ihm die aufgewühlten, dunklen Wasser der kilometerbreiten, sieben Grad kalten Weser. Um ihn herum peitschender Sturm und fetzender Hagel. Ein hell beleuchtetes Frachtschiff pflügt unter ihm durch die tobende See.

Gemütlich ist anders, denkt er noch, da zerrt etwas mit Riesenkräften an seinem Helm, wirbelt seinen Oberkörper herum. Solche Kräfte hat er noch nie erlebt. Es ist wie in einem Horrorfilm. Er spürt einen mächtigen Schlag – eine Faust zermalmt sein Gesicht – spitze Nadeln zerfetzen Wangen, Nase, Stirn. Sein gesamter

Kopf steckt in einem Glutofen. Joe droht zu ersticken, kann nichts mehr sehen. Er meint, sterben zu müssen.

Gisela, denkt er trotz des übermächtigen Schmerzes. Dann sinkt sein Kopf nach unten. Schlagartig wird es schwarz um ihn.

Es ist die Nacht des fünften November 1969, die letzte Nacht meines Freundes Joachim »Joe« Adam. Er wurde dreißig Jahre alt.

Das Abkommen von der Landebahn hatte oft Totalschäden am Flugzeug zur Folge, wie hier im Mai 1966 auf dem Fliegerhorst Hopsten.

Todesbote

Ein Geschwadergefechtsstand – Wing Ops – jener Zeit war ein rechteckiger Raum von der Größe eines kleinen Bahnhofssaals, meist verbunkert und deshalb ohne Tageslicht. Auf Konsolen glühten beleuchtete Armaturen und Instrumente, ein ganzes Rudel schwerer Telefone in Schwarz, Weiß und Rot stand herum, 500 000er ICAO-Luftfahrtkarten des Westens (ICAO = International Civil Aviation Organization) und geografische Landkarten des Ostens – insbesondere der »Ostzone«, wie sie damals umgangssprachlich noch hieß – hingen an den Wänden. Dazu gab es eine Ablage mit Checklisten und Alarmplänen …

Das Wichtigste für den täglichen Flugbetrieb war das Mission Board, also die Übersicht der geplanten und aktuellen Einsätze des Geschwaders. Es hing, sehr breit und sehr hoch, senkrecht an der Stirnwand des Wing Ops. Unten links an diesem Board hing das weiße Magnetschildchen der Mission Panther Zero Two mit Hauptmann Joachim Adam, zweite Staffel, im Cockpit der F-104G mit dem taktischen Kennzeichen 24-08. Geplante Startzeit in Leck 20:50 Uhr, tatsächliche Startzeit 20:51 Uhr, geplante Flugzeit 1 Stunde 22 Minuten, geplante Landezeit 22:13 Uhr, Nachtflugroute 7b.

Um 21:46 Uhr kam der Anruf.

Ich hatte, wie schon gesagt, Dienst als Offizier vom Gefechtsstandsdienst.

»Ihre Mission Panther Zero Two hat sich über dem Wendepunkt Weser nicht gemeldet«, meldete die Flugsicherung.

Weser war der letzte Checkpoint hinter Bremerhaven. Joe hätte hier in der vorgeschriebenen Höhe einen Position Report, die obligatorische Positionsmeldung, abgeben müssen. Exakt um 21:12 Uhr wäre das gewesen. Als die Meldung ausblieb, rief man ihn um zirka 21:30 Uhr erfolglos über die gängige Notfrequenz 243,0 MHz aus. Kurze Zeit später – zehn Minuten später, um genau zu sein – galt der Pilot als vermisst. Sieben Minuten später erreichte mich der Anruf der Flugsicherung.

In jedem Beruf gibt es todsichere Anzeichen dafür, dass etwas schiefgelaufen ist. Im Beruf des Flugzeugführers ist das Ausbleiben eines Position Reports ein solches Indiz. Die Flugsicherung setzt nicht einfach mir nichts dir nichts einen Ruf auf »Guard«, der Notfrequenz, ab. Man fordert den verlorenen Sohn auf, sich über sein bordeigenes Gerät zu identifizieren für den Fall, dass sein Radio ausgefallen ist. Erst wenn auch hier keine Meldung erfolgt, ruft man ihn über Guard. Mir war sofort klar, was da passiert sein musste.

Ich wählte die Privatnummer des Kommandeurs – ein Kommandeur ist immer im Dienst – und setzte ihn von der Lage in Kenntnis. Wenig später stand er im Gefechtsstand, der auch sein zweites Wohnzimmer war. Wir warteten die geschätzte Landezeit ab, 22:13 Uhr. Es mag wohl etwa Viertel vor elf gewesen sein, und wir hatten noch immer nichts von Joe gehört, da traf der Kommandeur seine Entscheidung.

»Frau Adam ist bei einem Damengeburtstag«, informierte er mich. »Sie, Herr Loy, sind mit den Gastgebern befreundet. Sie informieren Frau Adam.«

Yessir.

Ich wusste, dass unsere Freundin Heike Pospich am 5. November ihren Geburtstag feierte. Es muss wohl der Dreißigste gewesen sein. Sehr wahrscheinlich war Ingrid, meine damalige Frau, auch bei der Feier. Ich weiß es nicht mehr.

Der Kommandeur sorgte während der nächsten ein, zwei Stunden für meine Vertretung im Wing Ops. Sein Fahrer brachte mich zur Adresse Moorwinkel 5, wo die Feier stattfand, und wartete brav vor der Haustür, um mich anschließend wieder zurückzubringen.

Ich klingelte. Ich war in Uniform. Das Schiffchen hatte ich abgenommen. Zuerst werde ich wohl geschluckt haben, als Heike öffnete.

»Hey Didi, das ist ja nett! Komm rein!«

Drinnen spielten sie Nancy Sinatra und Lee Hazlewood. »We've got married in a fever ... I'm goin' to Jackson, I'm gonna mess around ... I'm gonna snowball Jackson ... Jackson, Jackson, Jackson ...«

Zuerst gratulierte ich Heike zum Geburtstag. Dann fragte ich nach Gisela Adam.

Ich war in den Flur getreten. Ich war wohl blass und machte ein betroffenes Gesicht. Ich sah Heike an, dass sie sogleich Bescheid wusste. Auch sie war schließlich Pilotenfrau.

»Gisela, dein Joe ist überfällig«, werde ich wohl zu Gisela Adam gesagt haben. Alles andere wäre gelogen gewesen oder unpräzise.

Auch sie verstand sofort. Ich las es aus ihrer Miene.

Sie schrie nicht, sie fiel nicht ohnmächtig um, sie hämmerte nicht auf meiner Brust herum. Sie weinte nicht.

Im Hintergrund spielte die Platte noch immer.

»Nancy Sinatra«, sagte Gisela tonlos. »Jackson. Jackson. Joes Lieblingssong.«

Sie stand einfach da, schüttelte kaum merklich den Kopf und blickte mich aus ungläubigen Augen an. Dann trank sie mit einem Zug das Glas, das sie in der Hand hielt, leer. Ich meine mich zu erinnern, dass es Cognac war, in Nordfriesland damals die bevorzugte Spirituose. Erst dann schossen ihr die Tränen in die Augen.

Die gesamte Damengesellschaft stand auf und hob das Glas. Sie tranken auf Joes Wohl. Jeder wusste Bescheid. Es gab keine Hoffnung mehr.

Alle kümmerten sich um Gisela. Von seinem Fahrzeug aus rief ich den Kommandeur an und informierte ihn. Drinnen hatten sie die Musik abgestellt.

Noch in der selben Nacht begann die Maschinerie der Flugunfalluntersuchung zu arbeiten. Die Uhr begann zu ticken. Eine realistische Überlebenschance gab man Hauptmann Adam nicht.

Der »General Flugsicherheit« der Bundeswehr ist eine Behörde vergleichbar mit dem Bundeskriminalamt. Ausgestattet mit sorgfältig ausgebildeten Spezialisten und ausgerüstet mit modernster Technik klären sie nach Flugunfällen alles auf, was aufzuklären ist. Am nächsten Morgen fanden sie erste Trümmer der F-104G mit dem Kennzeichen 24-08. Am Nachmittag ortete ein SAR-Hubschrauber (SAR = Search and Rescue) Teile von Joes Notausrüstung stromabwärts in der Weser. Am übernächsten Tag fanden sie Joes Leiche. Sie war an einen Strand unweit südlich des Bremerhavener Fischereihafens angeschwemmt worden.

Ich habe ihn noch gesehen, bevor sie ihn in den Sarg betteten. Er sah sehr tot aus, toter als ein herkömmlicher Toter, aufgedunsen, wohl auch durchs Wasser, übersät mit bläulichen Beulen im Gesicht. Wenn du dein Gesicht bei 750 km/h in den Wind hängst und der Hagel dich trifft … Es war ein schrecklicher Anblick, den man nie vergisst. Er muss sehr gelitten haben.

Bei der nächsten Ebbe orteten sie aus der Luft eine Sandbank, auf der Fußspuren zu sehen waren, menschliche Fußspuren. Die Schuhgröße stimmte überein …

Ich muss noch einmal ausholen. Überlebenstraining und Überlebensausrüstung sind sehr wichtig in der Militärfliegerei, können lebenswichtig werden. Es ging damals in den Sechzigern und Siebzigern nicht nur darum, dass man in einem befreundeten Ententeich landete und von attackierendem Geflügel verschont blieb oder in der Nordsee nicht jämmerlich ersoff. Man hätte ja auch über Feindgebiet abgeschossen werden können. Die Mecklenburger Seenplatte wäre damals kein reines Erholungsgebiet gewesen. Jedenfalls wurde an Überlebensausrüstung nicht gespart: eine Schwimmweste, aktiviert durch Ziehen an einer Reißleine, notfalls aufblasbar wie eine Luftmatratze; ein Notsender, der auf allen Frequenzen sendete, automatisch ausgelöst nach dem Ausschuss; ein richtiges Einmannschlauchboot, das sich automatisch aufblies, wenn der Schleudersitz sich vom Piloten trennte.

Es war unglaublich! Weder die Schwimmweste noch der Notsender noch das Schlauchboot hatten nach Joes Ausschuss funktioniert. Nichts! Es war ein Zusammentreffen unglaublicher Zufälle. Am Fallschirm hängend muss es ihm den schützenden Helm samt Maske vom Kopf gerissen haben. Er war ungeschützt den peitschenden Regen- und Hagelmassen ausgesetzt. Er wurde verprügelt, gesteinigt, beschossen, dabei der Kälte ausgesetzt. Joe irrte in diesem Unwetter nachts um elf Uhr über eine Sandbank, nestelte mit steifen Fingern an der kaputten Weste und der schlaffen Bootshaut herum. Bestimmt sah er drüben die Lichter von Bremerhaven. Da schwimm ich hin, wird er gedacht haben. Doch wohin mit Schmerz und Kälte?

Die Flut kam und nahm ihn mit. Wahrscheinlich kämpfte er noch einige Zeit mit den dunklen, kalten Fluten. Er war ein exzellenter Schwimmer und keiner, der frühzeitig aufgab. An der nächtlichen Skyline Bremerhavens mag er sich halb erfroren noch ein paar Meter orientiert haben. Bis die große Welle kam und ihn verschluckte.

Diesen Kampf hatte er verloren. Er war ertrunken, fanden sie in der Rechtsmedizin heraus. Ertrunken und zuvor halb erfroren. Das war's!

Ich hatte Halle auf meinem Weg nach Berlin passiert, eine Stunde des Gedenkens an meinen Freund, während ich lässig mit laufender Klimaanlage und bei mäßiger Geschwindigkeit hinter dem Steuer meines Wagens saß.

Wenn ein Flugzeugführer »in Ausübung seines Dienstes« starb, gab es zwei Arten von Gedenkfeiern für ihn. Bei der offiziellen Trauerfeier auf dem Fliegerhorst flogen nicht selten seine Kameraden eine »lost wingman formation«. In einer Viererformation fehlte dann einer oder der vierte scherte über dem Ort der Feier aus. Bei der privaten Bestattung legte eine Abordnung des Geschwaders einen Kranz nieder, wenn die Angehörigen das wünschten. Ich kann mich nicht mehr erinnern, ob Joe in den Genuss eines Überflugs kam.

Die Frau des Piloten

Ein Trommelwirbel erklingt in der leer geräumten Flugzeugwerft. Hauptmann Joachim Adams Sarg ist mit der schwarzrotgoldenen Flagge bedeckt. Darauf liegt symbolhaft ein weißer Fliegerhelm. Sechs Freunde stehen daneben als Sargwachen im Großen Dienstanzug mit Koppel und Stahlhelm, drei Männer links, drei rechts, die Kleinen vorn, die Großen hinten. Ich stand links in der Mitte.

Auf dem mit Schmierseife gefegten Betonboden vor dem Sarg bis hinten zu den geschlossenen Stahlschiebetoren drängten sich ernste Menschen in feierlicher Zivilkleidung oder in Uniform. Viele kannten sich, sie nickten einander stumm zu. Wenn sie sich die Hand gaben, taten sie es mit betrübter Miene, denn keiner wollte den Anschein erwecken, Hauptmann Adams Schicksal ließe ihn kalt.

Für exakt fünfzig tödlich verunglückte Starfighterpiloten hatte die Bundeswehr in den vorangegangenen fünf Jahren bereits Trauerfeiern abgehalten (tatsächlich exakt fünfzig!). Man besaß also Erfahrung.

Der Kommandierende General der Luftflotte hielt die Trauerrede. Er war bereits vertraut mit dieser Aufgabe. Aber wie in einer Kirche von der Kanzel hörte er dieses Mal seine eigenen Worte von den Wänden widerhallen und glaubte, hier spräche ein Fremder. Beinahe starr hielt er den Blick auf den Sarg gerichtet. Er war nicht der Einzige, der wusste, wie der aussah, der in diesem Sarg lag.

Die Gesichter der Offizierwachen links und rechts der Aufbahrungsstätte waren von einer ungesunden Blässe. Meines war nicht frischer. Obwohl ich die Augen geradeaus in die Weite der Unendlichkeit zu richten gehabt hätte, schweifte mein Blick immer wieder ab zu der schönen jungen Witwe meines Freundes Joe, Gisela. Sie hatte eine makellose weiße Haut, dunkles, glänzendes Haar und die Figur einer Zypresse, selbst im schwarzen Wintermantel. Sie versuchte, stark zu sein, ihr zartes Gesicht mit der niedlichen Stupsnase wirkte wie in Marmor gehauen. Vielleicht hatte ihr ein gnädiger Arzt ein paar Tabletten ausgegeben. Doch ihre Augen waren mit Tränen gefüllt und blieben es. 23 Jahre und schon Witwe!

Der Geschwaderkommodore und seine Frau standen bei ihr, ein paar Freundinnen, Joes Eltern, ein paar Unbekannte, vielleicht Brüder des Verstorbenen oder Nachbarn.

Eine Militärkapelle spielte die Hymne »Ich hatt' einen Kameraden, einen bess'ren findst du nicht«. Gisela hatte diese Melodie bisher noch nie gehört, das hatte sie mir vorher gesagt. Nun sah sie den deutschen General mit den drei goldenen Sternen auf der Schulter vor den Sarg hintreten und salutieren. Alle Offiziere hatten die Hand an den Mützenrand gelegt, solange der Trauermarsch erklang. Versteinerte Mienen überall. Solche Trauerfeiern gehen zu Herzen, egal, wo auf der Welt sie stattfinden.

Auf einem vornehmen Waldfriedhof nahe Flensburg wurde Joe Adam beigesetzt. Wieder standen sechs Kameraden in der kleinen Kapelle Spalier an seinem Sarg. Wieder war ich als einer seiner engen Freunde dabei. Es stank. Das Beerdigungsinstitut hatte zwar das gesamte Innere des Kirchleins mit Tannennadelduft aus der Spraydose besprüht. Doch Särge schienen damals noch nicht sonderlich dicht gewesen zu sein. Der Aasgeruch verwesenden Fleisches wehte zu uns herüber. Der ohnehin ungeliebte Stahlhelm drückte zunehmend. Wir fühlten, wie wir schrumpften. Ich weiß nicht mehr, wer der Kleinere vor mir war und wie er hieß. Jedenfalls kippte er, kaum dass die Verkündigung von Joes Lebenslauf vorüber war, nach vorne weg. Und so, wie man für den Prokischreiber (Overhead Projektor) beim morgendlichen Einsatzbriefing immer eine Ersatzbirne bereithielt, gab es auch hier einen Austauschoffizier, der sogleich die Stelle des Gefallenen einnahm. Er stand vor mir, überragte mich um Haupteslänge und nahm mir die Sicht.

Tage-, nein, wochenlang hatte ich danach regelmäßig einen Albtraum. Ich fuhr eine verwesende Leiche im Kofferraum spazieren, es stank erbärmlich. Die Polizei hielt mich an, ich wusste nicht, wohin mit dem Stück. Ich hatte keine Erklärung. Es war schrecklich. Der Duft begleitete mich erbarmungslos auf all meinen Traumfahrten. Es war nicht Joes Tod, der mich beschäftigte, nein, es war der Aasgestank. Er hat mich noch lange nicht losgelassen.

»Starfighterpilot Nummer 51 tödlich abgestürzt!«, hatte am Morgen der Beerdigung in der Zeitung gestanden. BILD zählte erbarmungslos mit.

Auch Gisela Adam, die Witwe, las diese Zeitung. Sie wollte sie anschließend in den Müll werfen, doch dann entschloss sie sich anders und bewahrte sie auf. Von dem Augenblick an, als ich ihr bei der Geburtstagsfeier die Nachricht überbrachte, war sie mit ihren 23 Jahren um Jahre gereift. Aus einer lebenslustigen Frau war ein ernstes Wesen geworden, das für Monate nur von den Erinnerungen lebte.

Schon wenn sie aufstand, reichte der Schmerz erkennbar vom Bauch bis in die Kehle. Sie wurde die Panik nicht los und hatte das Empfinden, als sei sie zu dicht an einen Abgrund geraten. Sonntags in der Kirche seufzte sie oft so tief, dass die Reihe vor ihr sich besorgt nach ihr umsah. »Ich habe ihn geliebt«, sprachen ihre Lippen lautlos.

Bilder aus der Vergangenheit verfolgten sie, Erinnerungen an gemeinsame Erlebnisse und an die vielen Pläne, die sie geschmiedet hatten Sie war jung und hatte ihr gesamtes Leben noch vor sich. Ihr Leben mit Joe. Oft weinte sie in den Wochen nach seinem Tod, vor allem wenn sie an das Haus dachte. Ihr eigenes Haus. Joes Gehalt hatte gerade ausgereicht, um es zu erwerben und zu erhalten, ohne sich allzu sehr einschränken zu müssen. Ein Haus aus weißen Klinkersteinen, im Garten ein Gemüsebeet, dazu kleine Birn- und Zwetschgenbäume. Joe hatte sie gepflanzt, nächstes Jahr sollten sie zum ersten Mal tragen. Er hatte sich so sehr darauf gefreut. Ohne das volle Gehalt, allein von den 40 000 Mark, die sie von der Verwaltung für seinen Fliegertod erhalten hatte, und dem bisschen Witwenrente – würde sie das Haus halten können? Wollte sie es überhaupt? Würden ihr die Eltern unter die Arme greifen? Gisela war aus

Bremen. Sollte sie ihr zukünftiges Leben hier im rauen Norden verbringen, wo der Wind einem die Haare zerzaust?

Ein knappes Jahr später verkaufte die Jungwitwe Gisela Adam das Haus und zog ein paar hundert Kilometer weiter nach Süden. Den Auftrag für die Pflege von Joes Grab erhielt die ortsansässige Gärtnerei. Wenig später heiratete sie zum zweiten Mal.

Zwei Jahre später, 1971, entdeckten Wassersportler in der Weser bei Niedrigwasser »etwas Metallisches«. Sie riefen die Wasserwacht. Die Wasserwacht benachrichtigte die Marine. Die Seeleute identifizierten die Teile als Fragmente eines Flugzeugs, möglicherweise eines militärischen. Die Meldung landete schließlich beim General Flugsicherheit der Bundeswehr. Der schickte Spezialisten hin.

Die Experten erkannten die Teile als Reste des Fahrwerks eines Starfighters. Trümmer der hinteren Zelle und ein Stück vom Cockpitdach bestätigten ihre Vermutung.

»Die gehören zu einer TF-104, die vor exakt einem Jahr, am 9. Oktober 1968, an fast der gleichen Stelle abgestürzt ist«, befand die erste Analyse. »Es war ein Trainingsflugzeug der Waffenschule Jever, das bei Formationsübungen aus der Nordsee in die Wesermündung einflog und wahrscheinlich Wasserberührung hatte. Beide Piloten kamen ums Leben.«

Doch die erste Analyse war nicht korrekt. Die Experten mussten sie korrigieren.

Ich habe keine Ahnung, wie es diesen Kriminalisten gelang, die Trümmerteile der Werknummer 2408 von

Joe Adams F-104G zuzuordnen. Aber so etwas wie DNA-Spuren scheint es auch bei Flugzeugen zu geben.

Zusammen mit so vielen anderen Kapiteln in der endlosen Geschichte mit dem stolzen Titel *Starfighter* war das Kapitel »Fliegertod des Hauptmanns Joachim Adam« damit endgültig abgeschlossen.

Bei Wittenberg verließ ich die Autobahn und besuchte das Lutherhaus, das Melanchthonhaus, die Stadt- und die Schlosskirche. Es mag eine beschauliche Zeit gewesen sein, damals, zu Zeiten des Reformators. Doch die Folgen von Reformation und Gegenreformation waren fürchterlich. Der Schmalkaldische und im folgenden Jahrhundert der unmenschliche Dreißigjährige Krieg brachten unendliches Leid über die Menschen.

Heute leben wir – zumindest in Europa – in der friedlichsten Zeit, seit Geschichte geschrieben wird, ging es mir wieder einmal durch den Sinn. Keiner will den Krieg. Mit Waffensystemen wie dem Eurofighter heute und der F-104G damals versuchen die Mächte, das militärische Gleichgewicht zu erhalten. Glücklicherweise werden solche Waffen immer weniger wichtig. Doch sie sind nach wie vor notwendig und werden auch unverzichtbar bleiben, wie aktuelle Szenarien beweisen.

Anfang der Sechzigerjahre wollte sich die Bundesluftwaffe mit dem modernsten Waffensystem ausstatten, das damals zu bekommen war. Doch wie kam es zu der Krise?

She is a pilot's aircraft

Mit den Ursachen der sogenannten Starfighterkrise, die immr wieder auch als Starfighterskandal, -affäre oder -tragödie bezeichnet worden ist, hatte Joe Adams Tod absolut nichts zu tun. Dass er in ein derart verheerendes Unwetter geriet, ist nicht dem Flugzeug anzulasten. Dass jedoch in sehr kurzer Zeit sehr viele Flugzeuge des Typs F-104G *Starfighter* vom Himmel fielen, hatte natürlich Gründe.

916 dieser Waffensysteme wurden innerhalb weniger Jahre bei Luftwaffe und Marine in Dienst gestellt, davon 137 Zweisitzer, die der Ausbildung dienten. Die Lockheed F-104G *Starfighter*, auch liebevoll *Gustav* genannt, bildete über ein Vierteljahrhundert lang das Rückgrat der bundesdeutschen Luftstreitkräfte. Die schnelle Einführung von fast tausend modernen Kampfflugzeugen musste die junge Luftwaffe – gerade einmal sechs Jahre nach ihrer Neugründung 1955 – zwangsläufig stark belasten.

Die Vorgängertypen F-84 *Sabre* und F-86[*] *Thunderstreak* stammten noch aus dem Koreakrieg und waren technisch vom Starfighter so weit entfernt wie ein moderner Audi A6 von einer Borgward Isabella.

[*] Das »F« in den Typenbezeichnungen steht für Fighter, also Kampfflugzeug

Piloten und Flugzeugwarte mussten diesen gewaltigen Technologiesprung in äußerst kurzer Zeit bewältigen. Als ich 1965 in Arizona – von der F-84 kommend – umgeschult wurde, gestand man mir ganze 17 Übungsflüge zu. Danach war man noch immer ein wenig per Sie mit der Maschine. Ich erinnere mich noch gut an den ersten Start mit dem Starfighter.

Von der F-84 war ich es gewohnt, dass die Maschine beim Start gemütlich wie ein Lkw beim Umzug über die Rollbahn tuckerte, bis sie abhob. Wenn du dagegen im Starfighter den Nachbrenner zündest, bekommst du zuerst einen Tritt in den Hintern, dann einen Kick in den Rücken und dann hängst du in den Gurten, bis das Flugzeug mit gesenkter Nase innerhalb von Sekunden auf über 330 km/h beschleunigt. Mein amerikanischer Fluglehrer hatte mir vor dem ersten Start eingeschärft, ich dürfe vor lauter Staunen keinesfalls vergessen, den Knüppel an den Bauch zu nehmen, um in die Luft zu kommen. Die pfeilgerade Nase stößt in den Himmel, die Räder rumpeln noch ein wenig, das Fahrwerk fährt ein. Das alles passiert blitzartig. Man reibt sich förmlich die Augen, dass man schon in der Luft ist. Diese Mühle* war nicht nur schneller als der Schall, sie war in der Startphase schneller als dein Hirn. In zwei Minuten ritt man sie auf dem Düsenstrahl fast senkrecht auf vierzigtausend Fuß Flughöhe. Die Vorgänger-F-84 brauchte dafür, wenn ich mich recht erinnere, eine knappe halbe Stunde.

* Die Fliegersprache kennt eine Reihe von Bezeichnungen für das Flugzeug, die mehr oder weniger liebevoll oder abschätzig sind. Neben Mühle sind Begriffe wie Dampfer, Hobel, Schleuder oder Bock gebräuchlich.

Auch das Denken des Führungspersonals bewegte sich noch in veralteten Kategorien. Die Generalität hatte ausnahmslos den Zweiten Weltkrieg mitgemacht. Sie war vertraut mit der Strategie des traditionellen Luftkriegs, dem Führen von Luftschlachten, doch ihr Denken und ihr Wissen um die Technik eines modernen Kampfflugzeugs und dessen Elektronik dürfte nicht ganz dem Stand der Zeit entsprochen haben. Die Karriere zum Beispiel des zweiten Inspekteurs der Luftwaffe, General Werner Panitzki, lässt keine andere Deutung zu. Er war 1941 abgeschossen worden und hatte seither kein Militärflugzeug mehr geflogen. Ausgerechnet in seine Amtszeit – 1962 bis 1966 – fiel die Einführungsphase des Starfighters und damit der überwiegende Teil der Krise.

General Johannes Steinhoff, hochdekorierter Jagdfliegergeneral des vergangenen Kriegs und Panitzkis Nachfolger als Inspekteur, äußerte sich später kritisch: »Es muss Schluss damit gemacht werden, dass Offiziere in hoher Verantwortung mangelhaftes oder oberflächliches Wissen von modernen Waffensystemen haben ...«

Die armen Dinger standen ja winters wie sommers, bei Kälte und Regen, bei Schnee und Eis, im Nebel und in glühender Sonne draußen im Freien. Die meisten Fliegerhorste der Luftwaffe waren zur Zeit der Einführung der F-104 noch im Bau. Es gab – wie zu Zeiten des Zweiten Weltkriegs – nur einen einzigen großen Wartungshangar, die sogenannte Werft. Nur zur Inspektion oder Reparatur wurden die Maschinen da hineingerollt. Den Rest der Zeit, also eigentlich immer, waren sie der Witterung schutzlos ausgesetzt. Viren gleich kroch die

Feuchtigkeit durch winzige Öffnungen und Risse ins Innere des Flugzeugs. Metastasen gleich verbreitete sie sich dort und führte zu Schäden oder Fehlanzeigen an den verschiedensten Bauteilen. Tückischerweise wirkte sich das meist nicht am Boden, vor dem Start oder nach der Landung aus. Auch beim Auto geht der Auspuff nicht auf der Fahrt zur Inspektion kaputt, sondern typischerweise am Freitag um 23 Uhr oder am Sonntag vor dem Kirchgang – jedenfalls immer dann, wenn die Werkstatt garantiert geschlossen ist. Und der Ausfall etwa der Geschwindigkeitsanzeige eines Düsenflugzeugs in zehn Kilometer Höhe treibt den Adrenalinspiegel in ganz andere Höhen als das Röhren eines abgerissenen Auspuffrohrs.

Es ist außerdem ein Riesenunterschied, ob man sich unter einem azurblauen Himmel über der hochspannungsleitungsfreien Wüste von Arizona bewegt oder sich in Europa durch eine acht Kilometer dicke Wolkendecke im Nieselregen und mit Seitenwind, an der Fläche seines Rottenführers hängend, von oben an seinen Zielflugplatz heranhangelt. Wenn da ein System oder eine Anzeige ausfällt, hat man ein gewaltiges Problem. Und zu Beginn der Starfighterfliegerei fiel oft ein System aus.

»He, Mann, dein Öldruck ist viel zu hoch«, spricht dann ein gelbes Warnlicht. Oder ein rotes neckt hämisch: »Feuer!« Nachher stellt sich heraus, dass es ein Versehen war, eine Fehlfunktion, ein Kurzschluss im System. Dann hat man Glück gehabt. Es soll Piloten gegeben haben, die für diesen Fall eine Bibel im Flieger dabei hatten.

Weniger Glück hatte Hauptmann Lutz Tyrkowski.

Der erste tödliche Unfall der Gesamtserie ereignet sich im Januar 1962 auf dem Fliegerhorst Nörvenich im Kölner Hinterland. Mit dem Callsign* *Hawkeye Blue* rollt eine Zweierformation F-104 zum Start und nimmt Aufstellung am hinteren Startbahnende. Der Formationsführer vorn, in wenigen Metern Abstand seitlich versetzt die Nummer Zwei, Lutz Tyrkowski. Beide lösen gleichzeitig die Bremsen, beide schieben auf ein Nicken des Formationsführers hin den Nachbrenner** auf Volllast. Beide Nachbrenner zünden einwandfrei. Wunderbar! Sekundenbruchteile später fällt der Brenner bei der Nummer Zwei, bei Tyrkowski also, aus. Das hat einen starken Schubverlust zur Folge. Die Nummer Eins rast ganz normal die Startbahn hinunter, Nummer Zwei kann das Tempo nicht mithalten und fällt hoffnungslos zurück. Doch ein deutscher Offizier lässt sich nicht einfach zurückfallen. Während sein Formationsführer hundert oder hundertfünfzig Meter vor ihm mit 330 km/h leicht wie eine Gazelle abhebt, krebst Lutz Tyrkowski wie ein hinkender Löwe hinterher. Ein deutscher Pilot gibt nicht auf, mag er sich gedacht haben. Kurz vor dem Ende der Startbahn hebt auch er ab, fährt Startklappen und Fahrwerk ein. Kann jedoch kaum Höhe gewinnen. Dann schließt er eine Wette ab: Werde ich höher sein als das Dach der Lagerhalle da vorn hinter der Fliegerhorstgrenze? Er verliert die Wette. Er rast mitten in das Gebäude hinein. In den Trümmern seines Flugzeugs kommt er ums Leben.

* Rufzeichen eines Flugzeugs, das für die Dauer eines Fluges gilt.
**Afterburner. Verbrennt Resttreibstoff und erhöht so die Schubkraft. Obligatorisch beim Start.

Der tödlich verunglückte Major Tyrkowski (links) und das Loch in der Halle, das sein Starfighter beim Einschlag verursacht hat (oben)

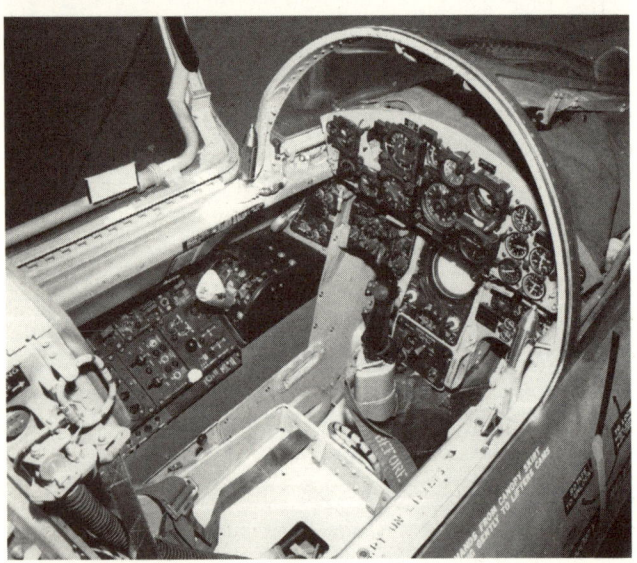

1965 Chaumont, Frankreich: Von der Landebahn abgekommen (oben). Das Cockpit einer F 104 G (unten)

Einmal vom Boden abgehoben, hatte er keine Chance mehr. Selbst wenn er sich mit dem Schleudersitz herausgeschossen hätte, wäre er ein toter Mann gewesen. Denn in seiner Maschine war noch der alte C2-Sitz eingebaut, dessen Fallschirm sich in dieser Flughöhe nicht geöffnet hätte. Zu diesem Thema aber später noch.

Was schließen wir – trotz Ironie – daraus? Hauptmann Lutz Tyrkowski, der Flugzeugführer, hatte gerade mal hundertvierzig F-104-Flugstunden auf dem Buckel. Zuvor hatte er die F-84 geflogen, die noch keinen Nachbrenner kannte und beim Start etwa die Geschwindigkeit erreichte, die sein Starfighter ohne Nachbrenner hatte. War es also mangelnde Erfahrung? Oder zu schnelle Umschulung?

Wir wollen festhalten, dass es der Nachbrenner war, der ausfiel, nicht der Pilot. Die Unfalluntersuchung ergab jedoch, dass »ein Abbruch des Startvorgangs den Unfall vermieden hätte«. Also lag ein »pilot's error« vor, ein Pilotenfehler – ein viel gebrauchtes Wort in jenen Jahren. Nicht die Technik war schuld, sondern der Pilot. Für jede Emergency (unvorhergesehener Notfall) gab es Emergency Procederes (Notverfahren). Würde eine Pilotenfrau ihren Mann mitten in der Nacht wecken und ihn nach dem Notverfahren bei Nachbrennerausfall während des Startvorgangs fragen, würde er mit geschlossenen Augen antworten: »Abort!« (Start abbrechen!) Entscheidet er sich dann im richtigen Leben anders, weil die Umstände es erfordern, und es stellt sich im Nachhinein als falsch heraus – oder weil er tatsächlich falsch reagiert hat –, dann schiebe den Fehler auf den Piloten: *Pilot's error.*

Ich will an dieser Stelle nicht mit Technik langweilen. Es steht nur immer wieder – auch heute noch – die Frage im Raum, wie es zur Starfighterkrise, zu den vielen Unfällen kam.

Ein Grund war sicher, dass die Maschinen bei jedem Wetter im Freien stehen mussten. Wie gesagt: Ein großer Hangar, darum herum die Flugzeuge wie Tiere auf der Weide. Nach einer Nacht mit strengem Frost und heftigem Schneefall merkt man eben, ob das Auto die Nacht in einer beheizten Garage oder am Straßenrand zugebracht hat. Das weiß jeder Autofahrer. Muss man mehr dazu sagen?

Für mich ist dies die eigentliche Ursache allen Übels gewesen. Dass bomben- (und regen-) sichere Shelters gebaut würden, war eine der Voraussetzungen, unter denen General Steinhoff sein Amt als Inspekteur nach längerer Bedenkzeit antrat. Jedes Flugzeug bekam seine eigene Unterkunft. Von da an ging's bergauf.

Selbstverständlich kam es auch in der Folge noch zu Flugunfällen, die weitere Opfer forderten. Zusammenstöße in der Luft, Abkommen von der Startbahn, Bodenberührung beim Landeanflug, räumliche Desorientierung, Steuerungsprobleme, misslungene Anflüge bei schlechtem Wetter, Schwierigkeiten mit der Sauerstoffversorgung – das waren fortan die Hauptursachen für Verluste. Denn solange es Straßen auf der Erde gibt, werden sich Verkehrsunfälle ereignen. Und wo geflogen wird, da fallen Maschinen herunter. Das ist ein Naturgesetz. Entscheidend ist die Häufigkeit.

Vogelschlag

In Major Kobalskis Cockpit wird der Lärm des Triebwerks von den Ohrmuscheln seines Helmes gedämpft und von der Aufmerksamkeit, die er für den Start benötigt. Seine linke Hand hält den Triebwerkshebel am Anschlag, die rechte klebt am Knüppel und dirigiert mit feinen, unmerklichen Bewegungen die Steuerungsstränge des hypernervösen Jägers. Kobalskis Augen wandern rastlos zwischen den unendlich vielen rotbeleuchteten Instrumenten hin und her. Laufend kontrolliert er Geschwindigkeit, Höhe und den künstlichen Horizont, dessen Funktion im Blindflug so lebenswichtig ist wie der Schleudersitz bei einem Ausfall des Triebwerks. Er prüft den Anstellwinkel, die Drehzahl, die Abgastemperatur, die Schubdüse, den Öl- und Hydraulikdruck: alles im grünen Bereich. Geschwindigkeit 210 Knoten, Höhe 150 Fuß. Er schiebt den Hebel nach oben, der das Fahrwerk einziehen lässt, fährt die Startklappen ein, schaltet den Nachbrenner ab und widmet sich der Radarnavigation.

Seine Route führt ihn, versteckt in grauschwarzen Wolken, über hügeliges, später flaches Gelände in einer Höhe von exakt 12 500 Fuß. Seit seinem ersten Starfighterflug liebt Franz Kobalski das monotone, unbeirrte Geräusch des J 79-Triebwerks, das in seinem

Rücken so geschmeidig schnurrt wie ein Zweiunddreißigzylindermotor. Mit einer Geschwindigkeit von präzise zwölf Kilometern in der Minute huscht er über die Landschaft hinweg.

Kurz vor Mitternacht löst sich die Bewölkung in Hochnebel auf, es regnet nicht mehr. Das diffuse Licht des Mondes legt die Erde unter Kobalski in Falten. Die Stadt, die er auf seinem Radarschirm wahrnimmt, muss Nürnberg sein, etwa zwanzig Meilen voraus.

Er blickt in Flugrichtung aus dem Cockpit: Genau! Lichtpunkte, fast über den gesamten Horizont ausgebreitet, zeichnen die Umrisse der Stadt, aus der sein Vater stammt, ins Dunkel ihrer Umgebung. Halbrund und milchig hat sich eine Dunstglocke darübergelegt. Sie erscheint Kobalski wie ein riesiges Raumschiff, das in niedriger Höhe über der Großstadt parkt. *Independence Day* lässt grüßen. Noch lächelt er entspannt unter seiner Sauerstoffmaske – bis in seinem Kopf die Alarmglocken schrillen.

Zuerst hat er nur einen Punkt gesehen. Eine Zehntelsekunde später rast ein Schatten auf ihn zu, bläht sich auf und wirft tiefschwarze Konturen gegen das Cockpitfenster. Den Eindruck weiter zu analysieren, dazu kommt er nicht mehr. Instinktiv reißt sein rechter Arm scharf am Steuerknüppel, die linke Faust gibt verzweifelt Gas. Doch er hat nur die Zeit eines Wimpernschlags, um auszuweichen, und seine Erfolgschance ist nahe Null. Ein entsetzlicher Knall, berstendes Glas, irrsinniger Schmerz. Eisiger, röhrender Wind zerrt ihm die Gummimaske vom Gesicht und bläst glühende Nadeln in seinen Kopf. Er fühlt sich wie skalpiert. Klebrige, heiße Lava kriecht über seine Stirn und beginnt, die Augen zu bedecken. Etwas sehr Nasses, Ekliges hat sich um seinen Hals geklammert.

Er will Höhe gewinnen, mit der rechten Hand am Knüppel ziehen. Aber der rechte Arm hängt schlaff herunter. Kobalski packt den Knüppel mit der Linken und zieht. Ruckartig steigt die Maschine in den Nachthimmel.

Fast gleichzeitig betastet er den vorderen Rahmen des Cockpits. Die Panzerglasscheibe fehlt, er sitzt wie in einem Kabrio in luftiger Höhe. Er befühlt das Eklige um seinen Hals und erkennt es als die Reste eines Vogels, der das schusssichere Panzerglas durchschlagen hat und auf seinen Oberkörper geprallt ist. Und das Nasse, Zähflüssige, Warme, das ist sein eigenes Blut. Mühsam wischt er sich über die Augen. Obwohl Kobalski gegen Übelkeit und eine Ohnmacht zu kämpfen hat, ist er erstaunt, dass sich Vögel sich zu dieser Stunde in solche Höhen wagen.

Beinahe blind, gelähmt und verletzt sitzt er in einem Kampfflugzeug, von dem er nicht weiß, wie manövrierfähig es noch ist. Nie in seinem Fliegerleben hat er sich so hilflos gefühlt. Dennoch ist es gerade diese Machtlosigkeit, die automatisch den Überlebensinstinkt des trainierten Kampfpiloten aktiviert.

Die Mission befindet sich mitten in der Nacht in drei Kilometern Höhe und rast auf die schlafende Großstadt Nürnberg zu. Kobalski nimmt mit der Linken den Gashebel zurück und verringert die Geschwindigkeit. Der Fanfarenklang des Fahrtwindes wechselt über in einen gleichmäßig anhaltenden Posaunenstoß.

Franz Kobalski wischt sich mühsam das Blut von den Augen.

»Mayday, mayday, mayday!*« Irgendwie schafft er es, den Notruf abzusetzen und seine Lage zu erläutern. Sofort kümmert sich ein Gemisch anonymer Stimmen im Äther um ihn, fragt ihn aus, gibt ihm Rat. Sogar ein Psychologe redet auf ihn ein.

Franz Kobalski überlegt, ob er dem Vorschlag, auf dem Nürnberger Flughafen eine Notlandung zu versuchen, folgen soll oder nicht. Er verwirft die Möglichkeit. Die Landebahn wäre viel zu kurz. Mental hat er die Situation bereits im Griff.

Etwas stimmt nicht, scheint sich verändert zu haben. Seine Nerven sind nach wie vor aufs Äußerste gespannt, doch ruhig; der Posaunenton des Fahrtwindes hat sich die ganze Zeit über – es kommt ihm wie eine Ewigkeit vor, obwohl es nur Sekunden sind – nicht verändert. Er musste auf die Schnelle lernen, abwechselnd Knüppel und Triebwerkshebel mit der linken Hand zu bewegen. Der rechte Arm gehorcht ihm nicht mehr. Was ist mit dem Triebwerk los?

Das Triebwerk! Das ist es! Das Triebwerk reagiert nicht, wenn er den Hebel nach vorne schiebt! Auch das typische Jaulen des Düsenaggregats hört sich sehr spärlich an. Unter und hinter ihm rumpelt und vibriert es, als beförderte sein Starfighter eine Kegelbahn. Es gelingt ihm, durch den Schleier vor seinen Augen einen Blick auf das Instrumentenbrett zu werfen. Das Triebwerk arbeitet nur mehr mit halber Kraft, sein Instrumentenzeiger flackert im Rhythmus der Vibrationsgeräusche hin und her. Kobalski schiebt den Triebwerkshebel in die Leerlaufposition.

---

* Internationaler Notruf. Kommt vom französischen »M'aidez!«

»Fehlt nur noch, dass das Feuerwarnlicht aufleuchtet«, denkt er grimmig.

Und – shit happens – das Feuerwarnlicht leuchtet in diesem Moment auf.

Franz Kobalski überfallen nicht Angst, nicht Zorn, nicht Panik. Obgleich er sich in der übelsten Situation befindet, in die ein Mensch in einem Flugzeug geraten kann, arbeitet sein Verstand kontrolliert und rational. Es ist eine kalte, aggressive Konzentration, unter der er nun zu handeln beginnt.

Er ertastet die Reißleine, die den Notstromgenerator in den Fahrtwind wirft, und löst sie aus. So wird er wenigstens über ausreichend Strom verfügen, um die hydraulischen Steuersysteme aktivieren zu können. Dann schaltet er das Triebwerk ab. Sofort hört es auf zu rumpeln.

Aber das Feuerwarnlicht bleibt an.

»Mayday, mayday, mayday!«, meldet er noch einmal nach unten. »Triebwerksausfall und wahrscheinlich Feuer an Bord.« Viele Ohren hören seinen Ruf, und viele Stimmen antworten. Kein Mensch jedoch kann ihm helfen.

All die Formulare, die ich auszufüllen haben werde! Kobalski denkt mit Grausen daran. All die Befragungen!

Das schlafende Nürnberg liegt unter ihm, und sein Starfighter sinkt wie ein Stein.

»Mensch, ist der cool!«

Die Fluglotsen arbeiten in »Nürnberg Control«. Blitzschnell haben sie ein Notteam gebildet und vom ersten Funkkontakt an die Mission auf den Radarschirmen verfolgt. Ein paar sind ins Freie gestürzt. Sie können das Flugzeug mit bloßen Augen beobachten. Wie ein Spuk kommt es lautlos blinkend auf sie zu. Es ist so niedrig und so nah, dass sie die Rauchfahne erkennen können, die es hinter sich her zieht. Allen ist klar: Das Gerät ist ein Pulverfass kurz vor der Explosion! Doch sie verharren reglos und gebannt, als stürze der Stern von Bethlehem auf sie hernieder.

»Eigentlich hätte er schon längst den Schleudersitz ziehen müssen, er kann doch jeden Moment explodieren«, ruft einer.

»Der will die Stadt retten, dabei geht er selbst noch mit drauf«, brüllt ein anderer.

Die Maschine ist höchstens noch ein paar hundert Meter entfernt und streift fast die letzten Dächer.

»Leute, springt zur Seite. Der rast mitten in uns hinein«, kreischt die einzige Frau im Team.

Das letzte, was sie vernehmen, ist ein gespenstisches Zischen, als das blinkende Phantom über die Gruppe hinwegfegt. Das Geräusch ist das eines Segelflugzeuges. Danach erfolgen im Abstand von drei oder vier Sekunden zwei Explosionen. Es ist null Uhr dreizehn.

Die zweite Explosion ist unvergleichlich stärker als die erste. Sie löst eine Feuerwalze aus, die sich in nördlicher Richtung fortpflanzt. Wie giftige Blasen aus einem Geysir platzen weitere kleinere Detonationen aus ihr heraus und verstärken den Eindruck, die Stille der Nacht würde von Sprengladungen zerrissen. Dann herrscht plötzlich Ruhe. Friedhofsruhe.

»Ich glaube, er konnte sich vor dem Crash noch herausschießen«, sagt kopfschüttelnd die Frau.

Sie allein hat die erste, leisere Explosion bemerkt.

Ja, die Vögel. Sie sind natürliche Feinde eines jeden Flugobjekts, das von einem Strahltriebwerk angetrieben wird. In dieser Hinsicht kennt der Pilot keine Tierliebe. Wenn sie in den Lufteinlass geraten, dann verbiegen, zerkratzen, zerreißen, zerbröseln, zerstören sie die Kompressorschaufeln und richten auch in der Brennkammer des Triebwerks erheblichen Schaden an. Wenn man Glück hat, kann man notlanden, so wie ich bei einem Flug entlang Hollands Nordseeküste an einem strahlenden Sommertag. Im Tiefstflug über See sah ich im letzten Augenblick einen Schwarm Vögel direkt auf mich zukommen. Zum Ausweichen war es zu spät. Mindestens vier oder fünf, stellte man fest, flogen vorn lebendig rein und kamen hinten als Brathähnchen wieder heraus. Es rumpelte tatsächlich so, wie oben beschrieben, und zwar so lange, bis die Räder meines Starfighters quietschend auf der Rollbahn des Notlandeplatzes Leeuwarden aufschlugen. Nach Verlassen der Landebahn stellte ich das Triebwerk ab. Es war total zerstört. Die holländischen Techniker sprachen von einem Wunder, dass es sich nicht schon in der Luft zerlegt hatte.

Kurz durchgeatmet, Glück gehabt, abgehakt. Auf keinen Fall mehr dran denken! Das war der Überlebensmechanismus eines Starfighterpiloten in jener Zeit. Alles andere hätte zum Kollaps geführt.

Ich war schon hinter Potsdam. Noch zwanzig Minuten bis zum Ziel. Ich hatte kein Navigationssystem im Auto, das lehnte ich ab. Wozu hatten wir Navigieren gelernt? Wenn das in der Luft funktionierte, warum nicht erst recht am Boden?

Auf die Kameraden freute ich mich. Beim letzten Treffen vor zwei Jahren hatte ich gefehlt, und es tauchen immer wieder welche auf, die man fünfzig Jahre nicht gesehen hat.

Victor Lakota, hatte ich gehört, hatte sich dieses Mal angemeldet. Mal gespannt, wie der heute aussieht, der alte Luftkrieger.

Angst

»Angst ist die erwartete Bedrohung körperlicher Unversehrtheit.« So können wir es nachlesen.

Hatten wir Angst? Die meisten wahrscheinlich nicht, aber einige gewiss. Sie wurden vom Flugdienst abgelöst oder gaben ihren Flugzeugführerschein freiwillig zurück. Doch zuzugeben, dass man Angst hat, dass einen Furcht und Panik überfallen, ist nicht einfach, schon gar nicht in einem Beruf wie diesem. Möglicherweise haben es einige verdrängt und sind an ihrer eigenen Courage gestorben, haben aus Panik oder Verwirrung im Notfall falsch reagiert. Es gibt darüber keine Untersuchungen, Befragungen oder gar Statistiken. Doch im Bereich des Möglichen liegt es.

Mir kommt in diesem Zusammenhang ein enger Freund in den Sinn. Lutz war Fluglehrer, hatte die Werkstattflugberechtigung, war im Kunstflug so gut wie kaum ein anderer und flog Formation wie eine Eins. Eines Tages kam er bei unkritischer Wetterlage von einem Überprüfungsflug auf dem Rücksitz einer zweisitzigen TF-104G zurück und war kreidebleich. Die Hand, die anschließend den Kaffee hielt, zitterte, und Schweiß stand auf seiner Stirn. Der Pilot, den er überprüfen sollte, hatte die Maschine übernehmen und landen müssen, weil Lutz etwa nach der Hälfte der Flugzeit Schwindelgefühle bekommen und im wahrsten Sinn des Wortes nicht mehr gewusst hatte, wo oben und wo unten war. Gott sei Dank war er so klug und verheimlichte sein Problem nicht – Zeichen seines Verantwortungsbewusstseins und seiner Professionalität. Nach zwei, drei weiteren Flügen, die nun zu äußerst lästigen Überprüfungsflügen für ihn selbst wurden, warf er ehrlicherweise das Handtuch. Auch ein Check im Flugmedizinischen Institut brachte nichts. Die Schwindelgefühle und Angstzustände hielten an. Seine Karriere als Flugzeugführer war beendet.

Wie's bei den anderen war? Darüber kann ich nichts sagen, wir sprachen nicht über die Angst. Obwohl die Kameraden zeitweise in kurzen Abständen abstürzten, war Angst kein Thema in unseren Kreisen, höchstens im Scherz*. In einem Punkt aber waren wir uns alle einig: Auf Flügen über Wasser bekamen wir alle sehr lange Ohren, die meist sogar bis zum Triebwerk reichten.

Überlandflüge zum Beispiel bereicherten unsere Erfahrung in der Höhen- und Tiefflugnavigation im Ausland, wir lernten fremde Flugplätze und die flugspezifischen Gewohnheiten anderer Länder kennen. Die beliebten Überlandflüge in die Türkei führten in der Regel über die US-Naval Air Station Sigonella auf Sizilien. Die achthundert Kilometer von dort über das Mittelmeer bis zum nächsten griechischen Festland empfanden wir im Sommer als unproblematisch. Aber

---

* Es kursierten Witze wie dieser: Stürzt ein Starfighter über einem Friedhof in der Nähe von Leer in Ostfriesland ab. Am nächsten Tag steht in der Lokalzeitung: »Grauenhaftes Flugunglück. Schon hundertzwanzig Tote geborgen.«

im Winter ... man glaubt ja nicht, welch unnatürliche Geräusche so ein Triebwerk machen kann. Es hustet, keucht, frisst Schrauben ... O je, wie rasch die Tankanzeige zur Neige geht ... Ob das Windgeräusche sind, was da so ächzt und stöhnt? Oder sind's die Tragflächen? ... Ob das Fahrwerk wohl richtig verriegelt ist? Mein Gott, ist das Wasser da unten dunkel ...

Weit mehr als eine Stunde in 36 000 Fuß über eisigem Wasser. Gischtende Schaumkronen da unten. Der letzte Absturz taucht im Kopf auf. Die Frau, die Kinder ... Angst war das alles nicht, höchstens Nervosität oder Langeweile oder zu viel Zeit, üblen Gedanken nachzuhängen. Die Fantasie zog sich erst zurück, und der Zustand legte sich wieder, sobald über Griechenland die Füße wieder im Trocknen waren.

Cactus Starfighter Staffel

Hotel Müggelsee, Berlin-Köpenick. Endlich bin ich da. Und wen traf ich als Ersten oder Zweiten? Victor!

»Angst? Nein, Angst hatten wir nicht. Konnten wir uns gar nicht leisten. Außerdem waren es immer die anderen, die runterfielen. Niemals man selbst«, behauptete Victor Lakota.

Gelbe Zähne hinter halb geöffneten, schmalen Lippen. Er strahlte mich an und sah an sich herunter. »Wie man sieht. Stimmt doch, oder? Schaut her, ich lebe noch.« Theatralisch breitete er die Arme aus.

Victor Lakota war nicht allein. Ein großer Hund saß neben ihm und blickte aus treuen braunen Augen zu ihm auf. Er war nicht angeleint und sah aus wie sein Herr: Eher dürr als mager, struppig, verhuscht.

Victor war zu unserer Zeit ein schneidiger – ein sehr schneidiger – Starfighterpilot gewesen, der jedem etwas vormachen konnte – und die Ordnung in Person. Gebügelte Fliegerkombi, Halstuch mit scharfen Kanten, blank gewienerte Stiefel waren bei ihm selbstverständlich. Und er, der stets Wert darauf gelegt hatte, in jeder Situation korrekt gekleidet und sauber rasiert zu sein, trug jetzt eine zerbeulte Kordhose, ein ungebügeltes Hemd, eine fleckige Kitschkrawatte und einen ehemals gelben Pullunder. Sein kurz getrimmter Schnurrbart hob sich kaum von den übrigen Bartstoppeln ab, das graue Haar fiel ihm strähnig ins Gesicht, und die Säcke unter den Augen hingen dunkel und schwer herab. Fahrig und zittrig stand er im Raum, und das kam ganz sicher nicht von der Wiedersehensfreude. Ich vermutete einen allzu straffen Alkoholentzug dahinter. Victor musste heute um die siebzig sein. An diesem Tag sah er aus wie dem eigenen Grab entstiegen. Ach ja: Er trug einen Hut, den er tief in die Stirn gezogen hatte.

Ein feuchter, heißer Tag war's geworden. Gewitter über Berlin und Brandenburg verdüsterten am Morgen schon den Himmel und entluden sich am Nachmittag. Die anderen waren auch mit dem Auto gekommen. Wie Victor Lakota berichtete, hatten er und sein Hund im Wagen eines Freundes mitfahren dürfen.

An der Spitze der Cactusflieger stand Peter Vogler, Generalleutnant a.D. Er war der »Staffelkapitän«, der die Meute mit Schneid, Charme und Chuzpe zusammenhielt. Vor Jahren hatte er den Starfighter in einem offenen Brief auf seine Art beschrieben:

»Der Pilot, der sich im Flug nach seiner Hundertvier umdreht, sieht eigentlich nicht viel von ihr: Das stets den Weg weisende Staurohr, einen Teil der Radarnase, das Kabinendach und mit schmerzhaft verdrehtem Genick die Spitzen der Außentanks. So muss er sich an den Instrumenten orientieren, um die genaue Fluglage festzustellen, und fliegt zum Beispiel einen Looping nach künstlichem Horizont, G-Messer, Fahrtanzeige und Kompass. Der Rest der Figur ist einfach: Triebwerk volle Kraft voraus. Wenn sie schüttelt, Klappen halb raus, wenn's pfeift, Klappen wieder rein.«

»Ja mei«, bemerkte Victor Lakota dazu – bayerisch, obwohl er Berliner war. Er schaute in die Runde und zuckte mit den Achseln. »Wenn's wirklich so einfach gewesen wär.«

Der Hund wich ihm nicht von der Seite. Stand Victor auf, stand auch der Hund auf. Ging sein Herr ein paar Schritte, folgte der Hund ihm mit der Schnauze in der Kniekehle. Nach Erscheinungsbild und Verhalten war er Victors Schatten.

Das Hotel, in dem wir wohnten, stammte noch aus der Zeit vor der Wende. Damals hatten hier hochrangige StaSi-Angehörige und SED-Funktionäre logiert. Doch an den früheren Plattenbau erinnerte nichts mehr. Das Haus wies den Standard eines internationalen Tagungshotels der Viersternekategorie auf: Vier Stockwerke am Südufer des idyllisch gelegenen Müggelsees, protzige Zufahrt, Hallen und Säle wie ein Bahnhof, Wellness, Bowling und Fernsehen bis zum Abwinken, reichlich dienstbare Geister mit osteuropäischem Akzent, Negronis, Gin Tonics und Bier zu jeder Tageszeit. Warmer Regen trommelte gleich nach der Ankunft gegen meine Fensterscheibe, die seeseitige Buchengruppe war kaum zu erahnen.

Das Treffen war von langer Hand vorbereitet worden, und wir kamen schließlich in der Bar zusammen. Halbrunder Tresen, Sitznischen, alles in Gold und Braun, Captain's Bar als knallroter Neonschriftzug darüber. Fröhliches Wiedersehen allerorten. Alles Starfighterpiloten, zwischen 60 und 75 Jahre alt. Ja mei, wie die Zeit vergeht.

Ein Weißhaariger im offenen Hemd und Hanseatenakzent hält spielerisch einen Gin Tonic in der Hand.

Früher war er Oberstleutnant, später Airline Captain. Ein kleiner Dicker, der einen Kiosk in Nordfriesland betrieb und dort bei heftigem Crosswind* Currywurst und Postkarten verkaufte. General Gerhard Back, der vorletzte Inspekteur der Luftwaffe und spätere NATO-Kommandeur, war mit Gattin anwesend. Seine sonore Stimme und sein ansteckendes Lachen übertönten das Geplauder der Umstehenden. Ein anderer – seriös, bewusst mit edler Krawatte als Herr verkleidet – war aus der Schweiz angereist. Was genau er im Zivilberuf machte, wurde nie richtig klar. Irgendwas mit Waffen muss es gewesen sein, und stinkreich sei er damit geworden, sagten welche. Illegal, behaupteten die einen, vollkommen legal, die anderen. Soll er doch, es kümmerte keinen.

»Kennst du den?«, fragte mich Victor Lakota und nickte mit dem Kinn zu einem älteren Herrn mit Halbglatze, Schnauzer und runder Nickelbrille hin.

»Klar«, sagte ich. »Das ist Jertz. Walter Jertz. War Geschwaderkommodore, später hohes Tier in der NATO. Und das Dollste: Er hat drei Kinderbücher geschrieben, viel beachtet.«

Victor Lakota nickte nachdenklich. »Aha«, sagt er. »Wollte ich auch mal. Aber dann kam was dazwischen.« Wieder dieser traurige Zug um seinen Mund.

Es wäre unglaubhaft und kitschig gewesen, hätte ich behauptet, auch die Mimik des Hundes wäre die seines Herrn. Doch der Eindruck war nicht zu leugnen.

Einen Tisch weiter saß Ernst S., tief gebräunter Dauerlächler. Seine Frau war Lehrerin. Sie hatten nach der

---

* Seitenwind. Weht in Nordfriesland von jeder Seite.

Pensionierung ihr schönes Anwesen an der Ostsee verkauft und waren den erwachsenen Kindern nach Namibia gefolgt: Banker der Sohn, Chefcontrollerin in einer Fischfabrik die Tochter. Was er dort den lieben langen Tag so trieb? Er grinste. »Lesen. Reisen. Hängegleiter fliegen. Mit den Tieren sprechen.«

In einer Ecke saß ein mittelgroßer, gutaussehender Zweisternegeneral, von Vielen beachtet. Natürlich trug er Zivil. Er hatte während des Balkankonflikts von Piacenza aus die alliierten Luftoperationen geleitet. Nun unterhielt er sich angeregt mit drei Aufklärerpiloten, die dort die NATO-Einsätze geflogen haben.

Ich selbst und Victor Lakota – und der Hund natürlich – hatten uns für wenige Minuten an einen der entfernten Bistrotische zurückgezogen. Victor kauerte vor seiner Apfelsaftschorle und wartete, bis er angesprochen wurde.

»Verheiratet?«, fragte ich ihn.

Er schüttelte den Kopf.

»Geschieden«, stellte ich fest.

Wieder schüttelte er mit der Grazie eines alternden Grizzlybären den Kopf.

»Also immer ledig gewesen?«

Da beugte er sich vor, legte die Unterarme auf die Tischplatte, schaute mir in die Augen und sagte mit brüchiger Stimme: »Meine Frau wurde vergewaltigt. Danach ist sie aufs Dach gestiegen und hat sich hinuntergestürzt. Sie wurde siebenunddreißig.« Er rollte die Augen zum Himmel. »Erwischt haben sie ihn nie. Ich bin immer noch hinter dem Kerl her, der das getan hat.« Es folgte der Versuch eines Lächelns. »Seinetwegen konnte ich keine Kinderbücher schreiben.«

Wie gesagt, Victor Lakota trug einen Hut, und zwar immer, wo er ging und stand. Die ganze Zeit. Ich fragte mich, ob er eine Glatze verdecken wollte oder eine tiefe Narbe, weil man ihm ein Messer oder eine Schnapsflasche über den Schädel gezogen hatte.

Victor verstand es, seine Stirn so in Falten zu legen, dass sich der Hut gelegentlich auf und ab bewegte. Während er sprach, bildeten sein Haaransatz und die Hutkrempe eine Art zweiten Mund, der parallel zum ersten mitredete, wobei der Hutmund deutlicher zu artikulieren vermochte als der hoffnungslos nuschelnde Victor selbst. Das Ganze erinnerte mich ein bisschen an die selige Muppet Show.

Verstärkt wurde diese Außenwirkung wieder einmal durch den Hund. Auch der legte die Stirn weise oder nachdenklich in tiefe Falten, wenn er einen unaufdringlich ansah. Mehr und mehr erwartete ich, dass diesem verwunschenen Tier bald ein Prinz oder zumindest ein Hauptmann in Uniform entsteigen würde.

Ich fragte Victor, ob es irgendeine besondere Bewandtnis habe mit diesem Hut.

Er lachte gequält und nuschelte: »Ich habe sehr schönes, feines Haar. Ich trag einfach gerne Hut.«

Ja mei! Ich konnte mich allerdings gut erinnern, dass sein Haar schon zu Starfighters Zeiten so fein gewesen war, dass man es stellenweise kaum mehr hatte sehen können.

Die Captain's Bar hatte sich weiter gefüllt. Lampen brannten überall, und auf unseren runden Bistrotisch wurde eine Kerze gestellt. Doch man vergaß, sie anzuzünden. Also zündete ich sie an. Drei adrette Bedienungen nahmen Bestellungen auf, und der Pianist drüben am Panoramafenster spielte sein Cocktail-Repertoire herunter. Mein Blick blieb lange und nachdenklich an Victor Lakota hängen. Das, was er äußerlich darstellte, hatte der Mann nicht verdient. Die Gedanken wanderten zurück.

Victor Lakota und der Starfighter: Über dreitausend Flugstunden auf dem Bock hatte er hinter sich. Das muss man sich mal vor Augen halten. Bei einem durchschnittlichen Achtstundentag wäre er ein ganzes Jahr lang ununterbrochen in der Luft gewesen, eingezwängt in ein enges Loch von Cockpit, umzingelt von Tausenden komischer Instrumente, den Launen des Wetters und seiner Diva, des Starfighters, ausgesetzt. Ein Wunder, dass er nicht schon in der Klapsmühle war. Oberstleutnant a.D. Victor Lakota war unser Lehrer gewesen. Er hatte den Starfighter seit seiner Einführung in die Luftwaffe 1961 geflogen. Freilich, wenigstens in einer Hinsicht hatte Victor Glück gehabt.

»Du hast insgesamt Schwein gehabt«, bemerkte ich versonnen zu ihm. »Du musstest nie mit dem Schleudersitz aussteigen, bist nie abgestürzt. Beim Umfang deines Flugbuchs ein Wunder.«

»Ganz anders als Kamerad Paule Lehnert«, mischte sich einer ein, der, groß und bullig, mit einem Bier in der Hand zu uns getreten war. Er sprach ein leicht allgäuerisch gefärbtes Deutsch. Der Mann hieß Franz Schnell, war in der Luftwaffe bekannt wie ein bunter Hund und Mitglied der 1. Staffel des Jagdbombergeschwaders 31 »Boelcke« gewesen, die Major Klaus Heinrich Lehnert, genannt »Paule«, geführt hatte.

»Der Lehnert«, sagte der Franz verträumt, »ja, des

war a Gschicht.« Er nahm einen Schluck. »Wisst ihr noch, damals?«

Lehnert, der »Narvik-Flieger«. Der Unfall war damals durch die gesamte europäische Presse gegangen und sogar von der ARD geschildert worden.

»Vage«, sagte Victor und nickte. Grau im Gesicht ließ er sich auf einem Stuhl nieder. Konnte er nicht mehr stehen?

»Vage«, bestätigte auch ich.

Von Franz Schnell, einem, der quasi dabei war, erfuhren wir die Geschichte, die damals für riesiges Aufsehen gesorgt hatte. Zwei, drei weitere Neugierige scharten sich um uns.

Es gab keinen einzigen Raucher unter den Anwesenden. Als ob sie alle auf ihre Gesundheit achten würden – oder des Rauchens überdrüssig wären.

»Ich erinnere mich, als ob es gestern gewesen wäre«, begann der Franz. »Es war ein Montag. Montag, der 6. Dezember 1965. In der 1. Staffel war Nachtflug angesetzt. Natürlich war's am späten Nachmittag schon stockfinster, und die Wetterlage war elend schlecht. So schlecht, dass der Staffelkapitän erst auf Befehl des Kommandeurs fliegen ließ. So schlecht, dass er selbst startete, und zwar als Einziger – angeblich, um noch ein paar Flugstunden fürs alte Jahr hereinzubekommen.«

Narvik, ungeplant

»Mission Three Three Five cleared for takeoff.«

An einem wolkigen Dezembertag um 17.09 Uhr startet der 33-jährige Major »Paule« Lehnert. Um ihn herum ist alles stockfinster. Er sitzt in einer Viertanker* F-104G und hat vor, einen »Round Robin«, einen Rundkurs, in 27000–28000 Fuß zu absolvieren. Die Route soll von Nörvenich über Hopsten nach Jever in Ostfriesland führen, von dort wieder nach Süden über Gütersloh nach Frankfurt und wieder zurück nach Nörvenich.

Der Lärm der startenden Maschine verliert sich über dem Rollfeld. Noch bevor er das Fahrwerk eingefahren hat, wird Lehnert mit seinem Starfighter von den tief liegenden Wolken verschluckt. Erst in einer Flughöhe von 17500 Fuß taucht er aus der massiven Wolkendecke auf und sieht den Sternenhimmel über sich. Im Westen steht ein prachtvoller Vollmond und erhellt das Wolkenmeer unter ihm fast wie am Tag. Bei jedem Fotowettbewerb könnte man damit einen Preis gewinnen. Doch Lehnert hat dafür keinen Blick. Die leidige Diskussion übers Wetter mit seinem Kommandeur hängt ihm noch nach, und er hat private Sorgen.

---

* F-104G mit vier vollen Treibstofftanks unter den Tragflächen

Über dem Funkfeuer Dortmund setzt er den vorgeschriebenen Funkspruch ab. Es ist 17.20 Uhr.

Bald ist Flight Level Zwo Seven Zero – Flugfläche 270 = 27 000 Fuß) erreicht. Wieder ein obligatorischer Meldepunkt. Doch von Mission Three Three Five kommt keine Reaktion.

»Melden Sie sich!«

Keine Antwort.

Als Mission 335 Jever passiert und nicht, wie im Flugplan vorgesehen, nach Süden abdreht, löst die Radarkontrolle Alarm aus.

Der unbewaffnete Jagdbomber hält strikt Kurs null null neun Grad, also Nordnordnordost. Auch seine Höhe behält er bei. Längst schon hätte er um 180 Grad wenden sollen.

Zwei Abfangjäger der niederländischen Koninklijke Luchtmacht steigen auf. Die Rotte nähert sich dem deutschen Kampfflugzeug, einer schert links, der andere rechts von ihm ein. Über den Notrufkanal versuchen sie Kontakt aufzunehmen. Vergeblich. Im Mondschein erkennen sie den Piloten. Er hat den Kopf gesenkt und rührt sich nicht. Normalerweise müsste er sie aus den Augenwinkeln sehen.

Die Dreiergruppe befindet sich nun über der Nordsee und erreicht bald dänisches Hoheitsgebiet. Die Jäger schildern der Bodenstation ihre Beobachtungen und drehen ab.

Im Modus Autopilot fliegt Mission 335 ungerührt weiter nach Norden.

In Nörvenich wird derweil der Navigationsoffizier der Ersten Staffel, Oberleutnant Elmar Bauer, zum Gefechtsstand gerufen. Sein Auftrag: Herauszufinden, wo Mission 335 aufschlagen wird, wenn sich nichts ändert. Er kommt zu dem Ergebnis: In der Innenstadt von Narvik in Nordnorwegen, und zwar nach exakt zwei Stunden und einundzwanzigeinhalb Minuten, genau in der City.

Die norwegische Kongelige Norske Luftforsvaret ist längst in Kenntnis gesetzt. Noch ist es zu früh, Narvik zu evakuieren. Doch die Planspiele beginnen.

Unbeirrt bewegt sich der Geisterflieger in Flight Level 270 mit 0,86facher Schallgeschwindigkeit an der Westküste Jütlands entlang und lässt bald das Skagerrak unter sich liegen. Bevor er Oslo im Westen passiert, steigen die norwegischen Abfangjäger auf. Sie tragen das blauweiße Kreuz auf rotem Grund an der Außenhaut ihrer Flugzeuge, die Piloten haben Handstrahler dabei. Bald erscheint der deutsche Starfighter als dunkler Blip auf ihrem Radar. Querab von Bergen erreichen sie Lehnert. Ihr Abstand zu ihm beträgt keine drei Meter. Im Mondschein und im grellen Licht der Strahler können sie den Piloten deutlich erkennen. Er sitzt vornüber gebeugt in seinem Sitz, als ob er lese, hängt in den Gurten. Offensichtlich ist Lehnert ohne Bewusstsein. Es bestätigt sich: Das Flugzeug ist führerlos und fliegt direkt auf Narvik zu.

Keinerlei Turbulenz in der Luft. Sie gleiten da oben hin wie durch Milchschaum. Einer der Norweger – Fredrik, der an der rechten Fläche des Starfighters – ringt sich zu einem kühnen Experiment durch. Er will den Jäger von seinem Kurs abbringen. Richtung Nordsee soll er steuern. Wenn er schon aufschlägt, dann auf Wasser, nicht in dicht besiedeltem Gebiet. Fredrik tastet sich heran, Zentimeter um Zentimeter, legt seine linke Fläche unter die rechte des Deutschen, um eine Kippbewegung zu provozieren. Es gelingt auch bravourös. Die Fläche hebt sich und scheint eine Kurve einzuleiten. Doch der Autopilot widerspricht und wehrt sich. Er ist auf Kurs 009, Höhe 270 programmiert, und die hält er stur. Nichts bringt ihn davon ab. Den Norwegern bleibt nichts anderes, als den deutschen Major Lehnert in seiner Maschine bis zum bitteren Ende zu begleiten. Nach Narvik sind's noch knapp fünfzig Meilen, als der Starfighter einen Sinkflug einleitet.

»Starfighter descending rapidly!« (Der Starfighter verliert schnell an Höhe), meldet Fredrik aufgeregt nach unten. Ja rapidly, schnell. Und zwar exakt auf Narvik zu. »Tanks are empty.« Klar, die Tanks sind leer. Da ist nichts mehr zu retten.

Narvik ist eine Hafenstadt nördlich des Polarkreises und hat 18 000 Einwohner und viele, viele bunte Holzfassaden. Einen traditionellen Marktplatz, an dem die Alten auf Bänken sitzen. Die einzige Disco am Ort ist gefüllt mit jungen Leuten. Dieses Narvik ist gewarnt. Kaum einer weiß nichts von der nahenden Katastrophe. Autos stehen still. Der Busverkehr ruht. Radiodurchsagen im Minutentakt. Ein führerloses deutsches Kampfflugzeug rast ohne feindliche Absicht auf die Idylle zu.

»Eine Handvoll Kilometer südlich von Narvik ragt ein Berg namens Fagernestoppen aus dem Meer empor«, beendete Franz seine Geschichte. »Wäre der nicht gewesen, wäre tatsächlich die befürchtete Katastrophe über die Stadt hereingebrochen. So aber prallte die deutsche F-104G mit dem Kennzeichen DA 254 gegen den Südhang des Berges und zerschellte in Fels und Schnee.«

Spannend hat er's erzählt, der Franz. Wir alle kannten den Fall. Doch über die Hintergründe des Vorfalls hatten wir bis dahin nichts in Erfahrung bringen können.

»Der Fredrik meint sogar gesehen zu haben«, fügte Franz Schnell hinzu, »dass die Maske des Piloten vor seinem Gesicht baumelte. Paule Lehnert hätte sie demnach selbst abgenommen. Aber das ist vollkommen unbestätigt.«

»Und was ist die eigentliche Unfallursache gewesen?«, fragte einer, der neu dazugekommen war. »Hat es nicht an der Sauerstoffversorgung gelegen? Und einer daraus resultierenden Ohnmacht des Piloten? Das war doch damals die offizielle Version.«

Franz Schnell nickt. »Richtig. Eine der möglichen Ursachen waren sogar Spuren giftigen Gases im Luftstrom. Wo die hätten herkommen sollten, wusste allerdings kein Mensch.«

»Klar«, wandte Victor Lakota ein, »eine Explosion hat's nicht geben können, weil ja kein Sprit mehr in den Tanks war. Also wird der Hobel wie eine leere Bierflasche gegen den Felshang geknallt und dort zerbröselt sein. Da bleibt wenig Bedeutendes zum Untersuchen übrig.«

Eine Frage schoss mir durch den Kopf, eine, auf die ich möglicherweise das Copyright habe. Meines Wissens ist sie damals wie später nie gestellt worden.

»Waren die norwegischen Jäger eigentlich bewaffnet?«, warf ich in die Runde.

Ein Blick in die Gesichter bestätigte mir, dass jedem sofort der Hintergrund der Frage klar war. Was wäre gewesen, wenn sie bewaffnet gewesen wären und den Starfighter mit dem bewusstlosen oder schon toten

Piloten über unbewohntem Gebiet abgeschossen hätten, anstatt ihn in eine dicht besiedelte Stadt stürzen zu lassen?

Der mutmaßliche Waffenhändler aus der Schweiz meldete sich zu Wort.

»Bei uns in Deutschland würde dabei das Recht eines übergesetzlichen Notstands eine Rolle spielen«, sagte er. »Das hätte in diesem Fall aber keine Chance gehabt. Ein Abschussbefehl wäre mit dem Grundgesetz dann nicht vereinbar, wenn Menschen an Bord des Luftfahrzeugs betroffen wären. Und da nicht auszuschließen war, dass Major Lehnert noch am Leben war, träfe das zu.«

»Also kein Schießbefehl?«, fragte einer nach.

»Genau. Wobei ich natürlich das norwegische Recht nicht kenne. Es dürfte aber ähnlich sein.«

»Brauchmer net drüber diskutieren«, warf Schnell pragmatisch ein. »Die Norweger waren nicht scharf bewaffnet. Es war bloß ein Glück, dass der Feger ... der Fager ... der Fanerstopper im Weg stand.«

»Der Fagernestoppen«, verbesserte ich cool, obgleich es nicht wichtig war.

Wüstenstaub

Wir streiften den Lehnert-Unfall ab und schwelgten in Erinnerungen, schlechten wie guten. Vor allem in guten.

»Auf Steuerdrücke reagiert sie wie ein rassiges Rennpferd«, hatte Pit Vogler, unser Staffelkapitän, weiter in seinem offenen Brief geschrieben. »Feinfühlig und willig, umgehend und mit sirrenden Nerven. Gedankenschnell sind ihre Rollen, bis zu zweimal in der Sekunde um die Längsachse! Fein abstimmbar ist ihre Trimmung, ohne Verzug ihre Antwort auf Bewegungen des Gashebels, stabil ihre ausbalancierte Fluglage.«

Die Augen der alten Herren, der ehemaligen »Kutscher auf dem Hundertvier-Bock« leuchteten. Ja, genauso haben sie es damals empfunden. Von insgesamt 916 F-104G Starfightern sind zwar über die Jahre – vom Sommer 1960 bis zur Ausmusterung im Mai 1991 – knapp ein Drittel verlorengegangen und über hundert Piloten sind dabei ums Leben gekommen, aber Spottnamen wie Witwenmacher, Fliegender Sarg, Sargfighter, Beautiful Death ließen die Männer kalt. Auf die alte Diva Hundertvier ließen sie nichts kommen.

»Aus dem Stand schneller als die doppelte Schallgeschwindigkeit in wenig mehr als fünf Minuten«, schrieb Vogler begeistert. »In etwas über zwei Minuten auf 30 000 Fuß.«

Mit ihren knapp drei Meter langen, um zehn Grad abwärts geneigten Stummelflügeln und dem 16 Meter langen Rumpf glich die Hundertvier eher einer bemannten Rakete als einem Flugzeug. Sie war nur halb so schwer, aber doppelt so schnell wie alle anderen seinerzeit verfügbaren Jagdflugzeuge. Selbst in hundert Metern Höhe konnte sie mit Überschallgeschwindigkeit – Mach 1,3 – über Dächer und Wälder fegen.

»Ja, genau!«

Ein Mineralwasser trinkender Schwabe – Volker Regensburger, einszweiundneunzig groß, ausladende weiße Lockenpracht, Freizeit-Lyriker – war hinzugetreten und stand etwas verloren in dem Halbkreis, der sich um ihn herum gebildet hatte.

»Ich bin 1965 in Luke* umgeschult worden, von der F-86 auf die Hundertvier. Habt ihr das auch mal erleben dürfen, Überschall durch die Wüste zu düsen?«

Allgemeines Kopfschütteln. Einer nickte. Doch allen war klar: Das hatte so nicht im Ausbildungsprogramm gestanden.

»Mein Fluglehrer hieß Louis Kanaar«, erzählte Volker. »Er ist später in Vietnam abgeschossen worden und dabei ums Leben gekommen. Zuerst hat er mit uns in einer Fourship (Viererformation) das Aerobatic-Pflichtprogramm gemacht. Und dann, als alles gut gelaufen war, tauchten wir mit einem Split S** nach unten ab. Ich war Nummer drei und konnte so am besten sehen, was passierte.«

---

* Luke Air Force Base nahe Phoenix, Arizona
**Luftkampfmanöver. Halbe Rolle mit anschließendem halbem Looping bodenwärts.

Volker nahm einen kräftigen Schluck aus seiner Wasserflasche.

»Um uns herum nur gelber Sand, mattgrüne Kakteen, am Horizont ein paar Berge. Wir flogen so tief, dass man das Schwarze im Auge der Klapperschlangen sehen konnte.«

Er hob den Finger, blickte entschuldigend in die Runde und wiegte den Kopf.

»Jedenfalls nicht höher als die Saguarokakteen. Und jetzt kommt's. 480 Knoten im Low Level (Tiefflug) waren wir ja gewohnt, 540 gerade auch noch. Aber Supersonic – Mann, das war ein Ding!« Volker hatte vor Aufregung rote Wangen bekommen.

»›Watch your Mach-Meter‹, hatte uns Louis Kanaar über Funk zugerufen, als es ernst wurde. Und Mann, das haben wir beherzigt. So schnell konnten wir gar nicht schauen, bis wir durch Mach Eins und damit Überschall waren.«

Wir anderen ahnten bereits, was kommen würde. Ich hatte von der Wirkung eines Tiefstflugs im Überschallbereich gehört oder gelesen, kannte aber niemanden, der es selbst erlebt hatte.

»Es hat gstaubt«, schwäbelte Volker weiter. »Und zwar gscheit. Ich als Nummer drei der Formation konnte natürlich sehen, was mit Nummer Eins und Zwei passierte. Wir fegten in vielleicht achtzig, hundert Metern Entfernung voneinander in lockerer Formation dahin. Die zwei vor mir zogen tiefe Gräben in den Sand. Als ob sie eine gigantische Baggerschaufel hinter sich herzogen. Fünf, sechs Meter tiefe Gräben. Der Sand spritzte nur so zur Seite. Und das bei einer Geschwindigkeit von etwa vierhundert Metern pro Sekunde.«

Mein erster Gedanke war: Hier in der Wüste kann man damit nicht viel kaputtmachen. Aber wenn wir jetzt über bevölkertes Kriegsgebiet flögen? Oder über die Zeil in Frankfurt? Ein Wunder, dass man von dieser tödlichen Waffe noch nichts in der Öffentlichkeit gehört hatte.

»Außerdem schleppten wir natürlich einen Riesenkrach hinter uns her. Wir waren ja schneller als der Schall. Jeder kennt den Überschallknall eines hoch fliegenden Flugzeugs. Welchen Krach muss es aber erst in unmittelbarer Bodennähe geben?«

Tja. Der Sandfloh, das Gilamonster und die Klapperschlange werden sich wundern bei ihrer nächsten Gehöruntersuchung. Ich wollte etwas dazu sagen, aber Franz Schnell war schneller.

»Davon stand in unserer Dash One* natürlich nichts«, meinte er. »Eigenschaften und Behandlung der Hundertvier im Tiefstflug. Da musste man sich selbst herantasten.«

»Dafür aber wurden wir umso mehr mit Emergency Procedures getestet«, warf ein anderer ein. »Jeden Morgen beim Briefing wurde per Zufallsgenerator einer aufgerufen, der ein Notfallverfahren auswendig herunterbeten musste.«

Wir hatten uns inzwischen in eine Ecke der Captain's Bar zurückgezogen, die von einem Couchtisch ausgefüllt wurde. Der wiederum war umstellt von zwei Ledersofas. Jemand hatte noch drei Sessel herangezogen, so dass wir alle Platz fanden. Ich saß neben Franz

---

* Flight Manual, Flughandbuch. Bei der F-104G so dick wie die Telefonbücher von Hamburg, Pinneberg und Wedel zusammen.

Schnell auf einem solchen mit dem Rücken zur Bar, Victor Lakota links gegenüber auf dem einen Sofa mit dem Hund neben sich, Volker Regensburger, der Schwabe, rechts auf dem zweiten.

Der Pianist spielte die nächste Runde seiner Cocktail-Highlights, und ich stellte mir vor, ich sei es, der da spielte.

Komm zur Luftwaffe!

Ich, Hannsdieter Loy, unter Aufklärungspiloten »Didi«, war ein leidlich guter Pianist gewesen, hatte Klavierunterricht erhalten vom achten Lebensjahr bis zum Abitur mit neunzehn – etwas, wofür ich meinen Eltern besonders dankbar war und bin. Ich beherrschte Schumanns *Träumerei*, Mendelssohn-Bartholdys Fantasien für Klavier, Gershwins *Rhapsody in Blue* bis hin zu Beethovens *Pathétique* (Vorsicht: Schwierig!). Doch Pianist wollte ich nicht werden. Im Winter vor dem Abitur schrieb ich mich stattdessen für das Studium der Germanistik und der Theaterwissenschaften ein mit dem Berufsziel: freier Schriftsteller am Ammersee – reichlich vermessen, wie ich wohl gewesen sein musste.

Doch der Mensch denkt, und Gott lenkt.

Schuld war letztlich eine Anzeige in den Nürnberger Nachrichten. »Komm zur Luftwaffe!«, hieß es dort. Neugierig war ich schon immer. Ich ließ mir die Unterlagen schicken. »Drei Tage nach Köln zur Tauglichkeitsuntersuchung«, hieß es darin. Ich war noch nie in Köln gewesen und bekam alle Kosten ersetzt. Also nix wie hin. Drei Tage OPZ (Offizierbewerberprüfzentrale – die Bundeswehr hatte es schon immer mit Abkürzungen). 180 Bewerber. Wissenstest, reichlich Psychologie, Flugmedizinische Untersuchung, Interview

(»würden Sie eine Atombombe über der sogenannten ›DDR‹ abwerfen?«).

Vier kamen durch. Ich war dabei. Das nahm ich als Gottesurteil, änderte meinen Lebensplan und ging zur Luftwaffe, um Pilot zu werden. Es war eine tolle Zeit: Auswahlschulung auf einer zitronengelben Piper in Schleswig-Holstein unter erschwerten Bedingungen. Schon damals wehte nämlich dort der Wind aus allen Richtungen, und es regnete nur ein einziges Mal, nämlich dauernd und nur von der Seite.

Anschließend folgten gut eineinhalb Jahre Jet-Ausbildung in Texas und Arizona. Wir waren fünf Deutsche unter zwanzig US-amerikanischen Offizieren, alles Absolventen der Militärakademien. Man muss sich vorstellen: Zu einer Zeit, da es weder Handys gab noch Internet oder McDonald's, als die Amiautos noch Haifischflossen trugen und zwanzig Liter konsumierten, man bei uns noch bei Tante Emma einkaufte und John F. Kennedy Präsident der Vereinigten Staaten war, kommen ein paar unbeleckte Fastnochjugendliche in dieses Land der grenzenlosen Möglichkeiten – nur 16 Jahre nach dem Ende des Zweiten Weltkriegs, weniger lange her als der Fall des Eisernen Vorhangs heute.

Morgens gab es Flugdienst, nachmittags Academics, wie der Fachunterricht hieß. Oder in umgekehrter Reihenfolge. Uns Deutschen war neu, dass man Tests nach der Multiple-Choice-Methode zu bestehen hatte. Auf alle Fragen musste man eine von vier Antworten auswählen. Ungewohnt war auch der Drill bei den US-Streitkräften. So locker und human es in der Luft mit unseren Fluglehrern zuging, so streng war der Umgang am Boden. Die allermeisten von uns wurden amerikanophil und werden es zeitlebens bleiben, da bin ich mir sicher – nicht zuletzt auch wegen der positiven Erfahrungen, die wir später innerhalb der NATO mit den Amerikanern, genau wie mit Piloten aus den anderen Partnerländern, machen durften.

Außer Sandstürmen im Herbst gab's drüben kein schlechtes Wetter. Schlechtwettertraining bekamen wir anschließend in Good Old Germany verpasst, bevor wir fünf mit stolzgeschwellter Brust und zwei Flugzeugführerschwingen – der deutschen und der amerikanischen – in unsere jeweiligen Geschwader einmarschierten.

Hatten wir bisher ausgiebig gelernt, wie man fliegt, so begann im Geschwader die eigentliche Kampfausbildung. Im fortlaufenden Flugtraining wurde nach sechs bis zwölf weiteren Monaten die Krone militärfliegerischen Könnens, der Top-Status *Combat Readiness* erreicht. In zwei Jagdgeschwadern der Luftwaffe wuchsen Jagdpiloten heran, in den beiden Aufklärungsgeschwadern wurde zu Aufklarern ausgebildet und in fünf Jagdbombergeschwadern zu gefürchteten Bomberpiloten. Die beiden Marinegeschwader im hohen Norden betrieben ihre eigene Nachwuchspflege.

Eineinhalb bis zwei Millionen D-Mark war der Luftwaffe diese Ausbildung für jeden neuen Flugzeugführer wert.

Der beschriebene Werdegang war eine perfekte Vorbereitung für zukünftige Aufgaben, auch für den Einsatz auf dem Starfighter drei Jahre später. Nebenbei bemerkt, hatte das Einsatzmuster, das wir bis dahin flogen, die F-84, relativ mehr Verluste als der Starfighter. Relativ heißt gemessen an den geflogenen Stunden. Die

Unfälle wurden nur von den Medien bei Weitem nicht so gepusht. BILD zählte noch nicht mit.

Noch heute, fünf Jahrzehnte später, sind wir fünf damaligen US-Frischlinge befreundet und halten engen Kontakt zueinander. Hans Heuer war zuletzt im Verteidigungsministerium tätig, Eberhard Möschel sechs Jahre Militärattaché in Peking, Rainer Stromann Kapitän bei der Lufthansa, Günter Grigoleit erfolgreicher Unternehmer. Und ich – na, Sie wissen schon.

Cockpitfeuer

»… Notfallverfahren auswendig herunterbeten.« Auf seinem Sofa in der Captain's Bar lachte Volker Regensburger auf diese Bemerkung hin. »Das war aber auch ganz gut so.«

Er ließ den Blick schweifen. Gegenüber hatte Victor Platz genommen mit dem Hund zu seinen Füßen. Der Hund gähnte, wohl mehr aus Verlegenheit denn aus Langeweile.

»Es gibt doch keinen«, warf Franz Schnell neben mir ein, »der in seinem Hundertvierleben nicht mindestens zwei Handvoll Emergencies ausgestanden hat. Erinnert ihr euch, was die häufigsten waren?«

Lautstarkes Gemurmel: »Nachbrennerausfall beim Start.«

»Ja, und warum?«

»Weil der Regelmechanismus für die Austrittsöffnung des Triebwerks ausfiel oder gar nicht funktionierte. Ein sehr häufiger Fehler damals.«

Victor Lakota zog die Beine an und presste die Lippen zusammen. »Abort«, zischte er heiser. »Throttle off – Drag chute deploy – Hook down«*, zitierte er.

---

*Vorschriftenkatalog zum Startabbruch: »Start abbrechen – Triebwerk abschalten – Bremsschirm raus – Fanghaken runter.«

Er sagte die Emergency Procedure mit so hohler Stimme auf, dass uns alle ein Frösteln überfiel. Wir sahen uns wieder im Cockpit sitzen, spürten statt des kernigen Tritts in den Hintern nur laue Beschleunigung, ließen die nun folgende Prozedur Revue passieren:

Das Ende der Rollbahn rast auf dich zu, rechts der Tower, links das GCA-Häuschen* – oder ist es umgekehrt? Die linke Hand reißt den Gashebel nach hinten, der Gesang des Triebwerks verwandelt sich in widerspenstiges Heulen, schließlich in ein leises Winseln, bis das Geräusch sanft orgelnd erlischt. Die andere Hand zieht gleichzeitig am Notgriff für den Bremsfallschirm, während beide Füße bis zum Anschlag in den Bremsen stehen. Ein schwacher Ruck im Kreuz zeigt an, dass sich der Schirm entfaltet hat. Und nebenher schlägt die Rechte auch noch den Fanghakenhebel nach unten für den Fall, dass die Rollstrecke nicht ausreicht und der Haken sich in das Fangseil klammern muss, damit das Flugzeug nicht über die Startbahn hinausschießt – wie auf einem Flugzeugträger.

»Fire during flight!«

Den, der das ausrief, kannte ich nicht. Er saß zwei Plätze von Volker entfernt, quadratisches Gesicht, große Augen. Er sah aus wie ein Omnibus von hinten und hielt sich mit beiden Händen an seinem Weißbierglas fest – Erdinger Weißbier in Berlin-Köpenick, wer hätte das gedacht! Der Regen trommelte unterdessen wieder einmal gegen die Scheiben.

---

* GCA = Ground Controlled Approach – Boden-Anflugkontrolle

»Wisst ihr noch? Der Adi-Strohal-Unfall? Wer erinnert sich?«

O ja. Die Erinnerung stieg in mir auf, als sei es gestern gewesen. Wer sollte sich an Adi besser erinnern als ich? Ich war schließlich dabei gewesen. Selten genug, dass man solch eine Situation miterlebt. Also war es an mir zu erzählen. Ich lehnte mich zurück und faltete die Hände – ein probates Mittel gegen die typischen Flugbewegungen mit den Händen, die Piloten so gern an sich haben: »Hier war die Sonne, hier fliege ich, hier kam der Feind ...«.

Nachtflug in Leck an der dänischen Grenze, Start von acht Maschinen im Abstand von zwei Minuten, Flughöhe 2500 Fuß. Ich bin der letzte der acht, Adi fliegt unmittelbar vor mir. Alles im grünen Bereich, eine gute Stunde lang. Wir sind bereits wieder auf Nordkurs nach Hause, da höre ich Adi über Funk.

»Mayday, Mayday, Mayday, my fire light is on.«

Die Stimme zittert nicht, Adi klingt nicht ängstlich. Freilich, die Feuerwarnlampe kann auch mal durch einen Fehler angehen, kann falsch anzeigen oder sonst wie verrückt spielen. Ich äuge nach vorn. Er fliegt ja nur zwei Minuten vor mir, vierzehn Meilen. Doch nichts glimmt da vorn in der Nacht außer einem großen Stern und den schwach glühenden Lichterhaufen schlafender Ortschaften unter mir.

»Ich bin auf hundert Prozent Sauerstoff«, ruft Adi in sein Mikrofon. »Ich hab Feuer an Bord. Ich hab es riechen können.«

O je! Ich stelle mir vor, wie Rauchschwaden durch sein Cockpit wabern. Wie Adi checkt, ob er den Sicherungsstift des Schleudersitzes gezogen hat. Wie er den Gashebel auf Leerlauf stellt. Wie er ...

»Ich drehe nach Westen ab. Richtung Nordsee.«

Ich folge ihm. Vorsichtshalber lege ich ein paar Kohlen nach und steige tausend Fuß höher für den Fall, dass er tatsächlich aussteigen sollte. Ich vergesse, die Flugsicherung über Funk zu informieren. Spähe angestrengt nach vorn. Nur durchwachsene Dunkelheit über dem Land von Siegfried Lenz' »Deutschstunde« und Jochen Mißfeldts »Gespiegelter Himmel«. Stille im Äther. Nur das Geräusch meines eigenen Atmens unter der Maske höre ich. Einatmen, ausatmen. Einatmen, aus ....

»Bailing out now!!!«

Das Unwahrscheinliche, Unglaubliche tritt ein. Noch heute hab ich den Klang der Stimme im Ohr. Er muss sein Flugzeug verlassen, er ist nervös, es ist Nacht, es ist kalt. Die Nordsee ist nicht weit. Eine Scheiß-Entscheidung, aber die einzig richtige.

Angestrengt schaue ich nach vorn. Das Feuer der Antriebsraketen des Martin-Baker-Schleudersitzes müsste zu sehen sein. Oder die grün-roten Blinkleuchten von Adis Flugzeug. Doch da ist nichts. Nur atemlose Stille weiterhin. Keine Fragen über Funk, keine Bemerkungen. Blödsinn, fällt mir gerade noch rechtzeitig ein. Sie wissen ja jetzt, dass der Pilot sein Flugzeug verlassen hat. Warum sollte also noch eine Frage kommen. Mein Höhenmesser zeigt 3900 Fuß. Adi war zuletzt auf 2500 gewesen. Das sollte reichen. Wachsam starre ich nach Westen. Dort irgendwo muss er – hoffentlich – am Schirm hängen. Ich zweifle nicht daran.

Wenig später sehe ich die Stichflamme der Explosion seiner Maschine. Es war nicht mehr sehr viel Resttreibstoff in den Tanks, die Mission war so gut wie beendet. Es konnte daher kein mächtiges Feuer entstehen. Auch schien durch den Aufschlag nichts entzündet worden zu sein, kein Hof, kein ganzes Dorf gar. Ein gutes Zeichen. Dann war die leere Maschine wohl auf freiem Feld aufgeschlagen.

Hoffentlich leer und mit niemandem mehr drin, schießt es mir durch den Kopf. Hoffentlich hat der Sitz funktioniert. Gesehen habe ich nichts. Jedenfalls ist nun wieder ein Sechs-Millionen-D-Mark-Baby dahin.

Adis Funkspruch hallt noch nach in mir. »Bailing out now!« Unruhige Minuten vergehen. Funksprechverkehr zwischen der Anflugkontrolle und den landenden Maschinen vor mir. Alle wissen Bescheid, niemand wagt etwas zu fragen. Alle anderen Starfighter sind sicher gelandet, das habe ich mitbekommen. Reinste Routine.

Nun bin ich selbst an der Reihe.

»Clear to land«, kommt es vom Tower.

186 Knoten, Fahrwerk raus, volle Landeklappen, Landescheinwerfer an. Rollbahn in Sicht, sie kommt näher. Meine Scheinwerfer schwanken über die weiße Mittellinie, im Augenwinkel bemerke ich das grünweiße Licht am Towerdach kreiseln, die Räder berühren den Boden, erst die beiden hinteren, dann – ganz sanft und brav – das Bugrad.

Ich bin gelandet. Es quietscht ein bisschen, es tuckert. Habe ich Angst gehabt? Nein. Keine Überraschung, dass einer mal ein Feuer kriegt und aussteigen muss. Daran sind wir schließlich gewöhnt, auch ohne psychologische Betreuung.

Höchstens Angst um Adis Leben habe ich immer noch. Nein, falsch. Angst ist das nicht, es ist Sorge.

Links drüben am GCA verbreiten die Blinklichter gleißendes Licht. Wurde die Fliegerhorstfeuerwehr rechtzeitig alarmiert?

Es folgt die übliche Routine: Flugzeug abstellen, rausklettern, Flugbuch fertig machen, Fahrt zur Staffel. Im Staffelgebäude bekomme ich dann die Antwort auf meine Fragen.

Ich stand mit den anderen und einer Tasse Kaffee in der Lounge, als die Schwingtür aufging. Er war's! Adi Strohal. Adi bemerkte mich und kam mit vorwurfsvollem Gesicht direkt auf mich zu.

»Vor dir hab ich am meisten Angst gehabt!«, rief er mir entgegen. »Mehr als vor allem anderen.«

Angst gehabt? Vor mir?

»Sprich, o Freund, sprich!«, sagte ich voll Neugier.

Die anderen spitzten die Ohren.

»Na ja«, erklärte Adi Strohal, sein erstes Bier in der Hand. »Ich wusste ja, dass du hinter mir bist. In gleicher Höhe wie ich. Schon bevor ich mich rausschoss, hab ich gedacht: Hoffentlich schieß ich mich jetzt nicht dem Loy vor den Bug.«

Ach so. Klar, blöder Gedanke. Aber ich war doch höher geklettert, um ihm aus dem Weg zu gehen?

»Dass du gestiegen bist, hab ich erst vor einer Minute erfahren. Als ich am Schirm hing, hörte ich dich jedenfalls kommen. Dieses typische Starfighterjaulen des Triebwerks. Immer näher. Du hast keine Ahnung, wie scheußlich das klingt, wenn du in stockdunkler Nacht hilflos an einem Schirm hängst und von einer Düse gejagt wirst. Du kannst nichts machen. Du bist dem ausgeliefert.«

Er nahm einen Schluck, den ich ihm herzlich gönnte und prostete ihm mit meiner Tasse brauner Brühe zu.

»Und dann die Positionslichter. Ich sah dich kommen! Sie waren riesig und steuerten direkt auf mich zu. Grün-rot-grün-rot-grün-rot. Ich glaub, ich hab an meinem Schirm geschrieen. Dein Lärm wurde immer lauter. Es gibt Gefühle, die kann man nicht beschreiben. Dazu fehlt mir die Fähigkeit. Jedenfalls – es war schrecklich.«

Adi Strohal war, ohne es zu wissen, direkt über dem Fliegerhorst abgesprungen, kaum fünfzig Meter neben dem GCA. Als die Controller ihr Häuschen verließen, rannte Adi im Kreis herum, den Schirm hinter sich her ziehend. Er war vollkommen verwirrt und stand unter Schock. Sie mussten ihn erst einfangen und beruhigen. Doch ihm fehlte nichts. Physisch nicht und psychisch nicht. Am nächsten Morgen war er als einer der Ersten wieder in der Luft. Denn unter Fliegern gibt es ein ungeschriebenes Gesetz: Nach einem Unfall musst du sofort wieder ins Flugzeug steigen. Alles andere bringt Unglück.

Sechzigerjahre

»Die F-104 war auch eine strenge Lehrmeisterin«, schreibt Pit Vogler weiter in seinem offenen Brief. »Leichtsinn und Übermut verzeiht sie nur in engen Grenzen. Sie erzog uns zu geistiger Beweglichkeit, zu Selbständigkeit, zu bewusstem Handeln in schnellem Wechsel der Situation und zu Stolz sowie Bescheidenheit zugleich. In diesem Anspruch an den Menschen hat sie viel verlangt, vielleicht mehr als es je wieder bei einem Flugzeug der Fall sein wird. Und diesem Anspruch konnten wir Menschen nicht immer genügen. ... Wir haben auch Fehler gemacht. Nicht mit Absicht oder Bedacht, sondern in der alles Erlernte verwerfenden instinktiven Reaktion eines nur auf Fußgängergeschwindigkeit ausgelegten Wesens. Manche dieser Fehler konnten wir nicht wieder korrigieren. Dennoch haben wir nie Angst vor ihr gehabt. Die F-104 war weder launisch noch unberechenbar noch tückisch oder gar gefährlich. Sie hat ihren schlechten Ruf nicht verdient. Sie zu fliegen stellt nur das Höchstmaß dessen dar, was ein sorgfältig ausgewählter und ausgebildeter, im Vollbesitz seiner geistigen und körperlichen Kraft befindlicher einzelner Mensch zu leisten vermag. Darin schwingen Anerkennung und Hochachtung mit, Vertrautheit sowie auch ein Schuss Hingabe.«

Am 5. Mai 1955 wurde nach erheblichen innenpolitischen Auseinandersetzungen die Bundeswehr mit den Teilstreitkräften Heer, Marine und Luftwaffe gegründet. Die Luftwaffe wurde mit (R) F-84F und F-86 ausgestattet. Schon zwei Jahre später begann man, sich Gedanken über ein oder mehrere Nachfolgemuster zu machen. Aus finanziellen Gründen wollte man ein Flugzeug auswählen, das sowohl als Jagdbomber wie auch als Jäger und Aufklärer eingesetzt werden konnte. An diese Mehrzweckversion wurden vier Forderungen gestellt:
- Doppelte Schallgeschwindigkeit
- Konventionelle und atomare Waffenzuladung
- Allwetterfähigkeit
- Flugzeug musste bereits vorhanden und in Betrieb sein

Im Netz der Auswahlprüfung blieben drei Flugzeugtypen hängen: die französische Mirage III und die US-Muster Grumman F-11 und Lockheed F-104 Starfighter. Man entschied sich für letzteren.

Unabhängig von der deutschen Seite legten sich auch die belgischen und niederländischen Bündnispartner auf das amerikanische Waffensystem fest. Auch sie bewerteten den Starfighter als das damals beste Kampfflugzeug mit dem größten Entwicklungspotenzial im Hinblick auf die geforderten Aufgaben. Die drei Staaten bildeten ein Konsortium. Italien reihte sich wenig später ebenfalls ein. Es war der umfangreichste Lizenzbau militärischen Geräts in Europa, hatte also auch volkswirtschaftliche Bedeutung.

Dann war es so weit: Im August 1961 wurde die erste in Deutschland aus Lockheed-Teilen gebaute F-104G an die Luftwaffe übergeben. Zuvor schon, im März 1961, war die erste – noch in USA gefertigte – TF-104G (die Trainerversion) der jungen deutschen Luftwaffe wegen eines Triebwerksausfalls abgestürzt. Beide Piloten hatten sich mit dem Schleudersitz retten können.

Es war der Beginn einer Unfallserie, die ab 1964/65 zunehmend ins Fadenkreuz der Presse geriet, als die Misere unübersehbar wurde, weil die Maschinen im Wochenrhythmus herunterfielen. Diese Kette von Abstürzen machte das Flugzeug und die Luftwaffe zur Zielscheibe öffentlicher Kritik, sogar von Häme und Spott.

Damit einher ging die Suche nach den Schuldigen. Franz Josef Strauß, der Verteidigungsminister, ist schuld! Kammhuber und Panitzki, die Inspekteure, sind schuld! Lockheed ist schuld! Die Piloten, das Flugzeug ... Die Medien setzten zum Sturmlauf an.

Freilich, die Entscheidung für den Starfighter war allein von der Politik getroffen worden. Sie sollte Deutschland auf den Weg zur Atommacht bringen, eine Wunschvorstellung, die das technische und personelle Vermögen der jungen Luftwaffe und manch einen der Verantwortlichen überforderte – und einen hohen Preis forderte. »Militärpolitische Großmannssucht!«, klagte die Presse. Der Enthüllungsjournalismus betrat die Szene. Schon bald wurde darüber spekuliert, dass bei der Beschaffung Bestechungsgelder geflossen seien. Bewiesen werden konnte nichts.

Über Entscheidungen kann man immer streiten, besonders im Nachhinein. Doch objektiv steht fest, dass der Starfighter aus der Sicht der Fünfzigerjahre – von Fachleuten unbestritten – das am besten geeignete Waffensystem war. Er erzielte doppelt so hohe Beschleunigungswerte wie die Grumman F-11 und zeigte sich der Mirage in Reichweite und vor allem Steigleistung haushoch überlegen. Was Victor Lakota aus eigener Erfahrung dazu zu sagen hat, werde ich später wiedergeben.

Das Waffensystem F-104G wurde nur zu überhastet, zu unvorbereitet, mit einem Wort zu unprofessionell auf den Weg gebracht. Wie es hätte laufen können – und sollen – konnte man Jahre später bei der Einführung der nächsten Generationen Phantom und Tornado sehen. Doch Vorwürfe, meine ich, sollte man sich sparen. Man hatte sich damals ein ehrgeiziges Ziel gesetzt, ohne komplett zu überblicken, welche Lawine man damit losgetreten hatte. Die Bundeswehr war zum Zeitpunkt der Entscheidung gerade einmal sechs Jahre alt.

Es gab in der tödlichen Pannenserie nicht eine einzige typische Unfallursache, keinen gemeinsamen Nenner, auf den sich die Techniker hätten konzentrieren können. Natürlich gab es gewisse Mängelschwerpunkte. Von Triebwerksausfällen oder offenen Schubdüsen über Probleme mit der Sauerstoffversorgung und Bremsschirmversager bis zum Bruch von Fahrwerkszylindern, zu extremem Bugradflattern, oft auch vermeintlichen und echten Fehlfunktionen der Auto Pitch Control APC* reichte die Palette. Flugsperren, bis die Fehler gefunden waren und Modifikationen am Flugzeug vorgenommen wurden, waren die Regel.

---

* Überziehsicherung. Sie soll den Piloten davor bewahren, das Flugzeug in einen »überzogenen« Flugzustand zu bringen, bei dem der Anstellwinkel so steil wird, dass die Strömung abreißt und die Maschine unbeherrschbar wird.

Wir Piloten saßen dann am Boden und vertrieben uns die Zeit mit Offiziersweiterbildung, Selbststudium, Simulatorfliegen, Doppelkopf oder Skat, Liar Dice, dem Erkennen feindlicher Flugzeuge, dem Vertiefen von Emergency Procedures, mit Volleyball oder Hallenfußball, Kegeln oder zu späterer Stunde an der Bar des Offizierkasinos.

Mit anderen Worten: Wir kamen zu wenig zum Fliegen. Wir hatten zu wenige Flugstunden. Alle waren scharf aufs Fliegen, doch es war uns aus allerlei Gründen verwehrt. Die zahlreichen Flugsperren, wenn wieder nach einem rätselhaften Fehler im System – meist nach einem Unfall – nach einer Ursache gefahndet wurde, gehörten zum alltäglichen Dienst wie die Kaltfront aus Nordirland.

General Johannes Steinhoff war es, der auf dem Höhepunkt der Krise ab September 1966 als Luftwaffeninspekteur den Karren aus dem Dreck zog. »Ohne immer wieder aufgefrischte Flugroutine«, betonte er, »ist der Starfighter überhaupt nicht zu fliegen.« Er hatte allen Grund zu dieser Aussage.

Es fiel auf, dass die meisten der verunglückten deutschen Piloten weniger als hundert Flugstunden auf dem Starfighter hatten. Der von der NATO geforderte Standard, um als *Combat Ready* zu gelten, betrug aber 240 Flugstunden im Jahr, also durchschnittlich 20 im Monat. Wir flogen damals aber monatlich nur etwa 12 oder 13 Stunden – wenn wir Glück hatten. Manche kamen nur auf nur sechs oder acht. Steinhoff hatte recht: Damit konnte man ein komplexes einsitziges Flugsystem wie den Starfighter vielleicht bei Blue Sky, bei blauem Himmel, beherrschen, wenn alles glatt lief, nicht aber im Formationsflug bei Schlechtwetter, wenn mit Unregelmäßigkeiten zu rechnen war.

Ein Kampfgeschwader bestand aus zwei Einsatzstaffeln, nach NATO-Standard – jeder europäische Einsatzfliegerhorst war so gegliedert – an entgegengesetzten Enden der Flugbasis gelegen. Beide, die Erste und die Zweite Staffel, kamen jeden Morgen pünktlich um sieben Uhr zum gemeinsamen Einsatzbriefing. Wettervorhersage, Klarstand der Maschinen, Einsatzgebiet, Art der Übungsflüge, Emergency Procedures, das war etwa die tägliche Reihenfolge. Wenn wir anschließend in die eigene Staffel kamen, galt unser erster Blick am Morgen dem Mission Board. Wir belagerten den Einsatzoffizier, um einen Flug zu ergattern, erfanden alle möglichen Gründe, um in eine Maschine klettern zu dürfen. Wir stritten fast um jeden Flug. Von Zurückhaltung keine Spur. Ich kenne keinen, der selbst auf dem Höhepunkt der Krise in den Jahren 1964 bis 1966 gezögert hätte, ein Flugzeug zu besteigen.

Freilich wird es ein paar gegeben haben, die sich an schlechten Tagen DNIF* schreiben ließen. Der Fliegerarzt stand ja unter Schweigepflicht. Nur er konnte wissen, ob es sich um eine echte oder vorgetäuschte Erkältung handelte. Oder um »Schüttels«, wie die plumpe deutsche Übersetzung des englischen Begriffs shakes lautete. Gemeint war das große Zittern. Es war freilich eher ein verdecktes Zittern und hatte mit schwachen Nerven zu tun, wie der oben beschriebene Fall meines Freundes Lutz, der dem Schwindel zum Opfer fiel.

---

* Duty not including flying = dienstfähig ausgenommen Flugdienst.

Ich will nicht verhehlen, dass die Sechzigerjahre in den Geschwadern eine tolle Zeit waren. Doch es war schließlich allerorten die Zeit der Roaring Sixties. Erinnern Sie sich?

Der Minirock und die Antibabypille waren auf dem Vormarsch, es gab Jopa-Eis und Libella-Limonade, Mondlandung, Kubakrise und Vietnamkrieg, Beatles, die Rolling Stones und Woodstock. Das Wochenende diente dem Waschen des eigenen Autos am Bach. Zigaretten hießen Zuban und Ernte 23, man ließ sie lässig wie James Dean oder Jean Paul Belmondo von der Unterlippe hängen. Sexuelle Handlungen zwischen Personen männlichen Geschlechts waren nach § 175 StGB unter Strafe gestellt, ebenso wie Kuppelei, die Begünstigung vorehelichen Geschlechtsverkehrs, Unzucht genannt. Ein Gefängnis unter verschärften Bedingungen hieß »Zuchthaus«. Das Farbfernsehen begann seinen Siegeszug, James Bond und Jerry Cotton kamen aus den Startlöchern, sie wurden zu Stars. Der Begriff Superstar war noch nicht geboren. Die »sogenannte DDR« verschanzte sich hinter dicken Mauern und sperrte ihre Menschen ein, während die Bundesrepublik sich für italienische und spanische Gastarbeiter öffnete. Die Mädels toupierten Volumen in ihr Haar, die Jungs rebellierten, rauchten und tobten sich auf Friedensmärschen aus. Doch ihren Müttern hielten sie die Tür auf und ließen ihnen den Vortritt. In Telefonhäuschen mit Zählscheibenautomaten rief man Frau oder Freundin an. Der Alkohol floss in Strömen, es wurde höllisch geraucht, die Nächte wurden durchfeiert und durchtanzt. Ich führte Mitte der Dekade in Nordfriesland das Erdinger Weißbier ein. Das war gut, denn von da an wurde an der dänischen Grenze der Seitenwind etwas besänftigt und die düstere Nordseestimmung ein wenig aufgehellt. Ganz abgesehen davon, dass es damit eine Alternative zum gängigen heimischen Geele Köm, einem gelben Kümmelschnaps, gab.

Selbstverständlich galt bei jedem Flug die Nullkommanull-Promille-Grenze. Wer sie montags nicht einhalten konnte, ließ sich DNIF schreiben. Das war legal.

In den kleinen Buchhandlungen der Fliegerhorststandorte stieg der Umsatz von Büchern zu Themen über esoterische Psychologie, Reinkarnation, Parapsychologie, Sterbeforschung, Nahtoderfahrung, Heilung durch Reinkarnation, Übersinnliches. Was geschieht mit mir, wenn ich sterbe? Was bleibt von meinem Mann, wenn er tot ist? Wohin geht er dann? Was wird aus seinem Körper, seinem Geist und seiner Seele? Vermutlich waren die Mehrzahl der Käufer solcher Literatur Pilotenfrauen oder -freundinnen. Aber wer sagt, dass die Werke nicht auf dem Nachttisch des Mannes gelandet sind? Forschungsberichte aus der Welt jenseits unserer physischen Existenz hatten jedenfalls Hochkonjunktur.

Selbstverständlich ist dies in keiner Weise ein Hinweis darauf, wie wir mit der ständigen Gefahr umgingen, mit der durchaus realen Nähe des Todes. Wir waren einfach Kinder dieser zu Leidenschaft und Überschwang neigenden Zeit.

Mein persönliches Lieblingsgetränk in jener Zeit war Gin Tonic, ein Longdrink aus einem Teil Gin und zwei Teilen Tonic Water. Er wird auf Eis mit einem Stück Limette serviert, schützt vor Malaria und vertreibt böse Geister. Infiziert wurde ich durch die Briten in den NATO-Stäben, die das Zeug schon morgens um elf in sich hineinschütteten. Außerdem rauchte ich 80 Zigaretten am Tag: 20 Marlboro am Morgen und 60 Lungentorpedos namens Roth-Händle danach. Mit 33 Jahren gab ich von einem Tag auf den anderen das Rauchen auf, als ich feststellte, dass ich einmal drei Zigaretten gleichzeitig in Betrieb hatte und regelmäßig zwei Stück in der Zehnminutenpause eines Handballspiels konsumierte. Dies hatte zur Folge, dass mein Gewicht in vier Monaten von 78 Kilo auf neunzig Kilo hochschnellte.

Wissenschaftlich ist das alles nicht zu greifen, es gibt meines Wissens auch keine einschlägigen Untersuchungen. Aber ich denke schon, dass wir die Tatsache, dass uns täglich etwas zustoßen konnte, auf diese Art und Weise verdrängten. Wir schlossen uns dem Zeitgeist an.

Carpe Diem. Après nous le déluge.

Airshow

»Und ob der Starfighter der beste Fighter war!«, meldete sich Victor Lakota zu Wort. Bis dahin hatte er sich sich im Hintergrund gehalten mit seinen zerbeulten Hosen, seiner Apfelschorle, den dunklen Schatten unter den Augen und dem Hund an seiner Seite. »Ich kann schließlich ein Lied davon singen.«

Victors Hund hieß Erwin. So wie dieser Name klingt, so war der Hund auch: ein Original, eine Persönlichkeit. Alle begannen Erwin zu lieben. Seine Art, zu Victor aufzuschauen, ihn vor uns beschützen zu wollen, seine Herzlichkeit, Drolligkeit, Zärtlichkeit, seine Musikalität. Es war ihm anzumerken, welches Klavierstück des Barpianisten er besonders mochte und welches gar nicht. Bei Jazzigem wie *Sunny side of the Street* oder *Hello Dolly* grunzte er wohlig, während er den Rock'n Roll von Bill Haley und Little Richard zum Heulen fand.

Ich hab nie herausbekommen, wie alt Erwin war. Er wirkte wie ein erwachsenes Hundebaby.

Der Pianist hatte inzwischen seinen musikalischen Reigen abgebrochen. Waren es unsere lauten Unterhaltungen, die ihn störten, war es die Intervention des Hoteldirektors oder unseres Staffelkapitäns oder hatte er ganz einfach Dienstende – irgendwie fehlte er uns auf einmal. Er gehörte ganz einfach zum Inventar dieses Prachtschuppens.

Ein Grund mehr, sich Victor zu widmen. Jeder wusste, dass Victor einer der besten Flieger in der Luftwaffe gewesen war. Nicht umsonst hatte er Deutschland auf diversen Airshows im In- und Ausland vertreten dürfen, zum Beispiel auf dem Stützpunkt der USAF in Aviano in Nordostitalien.

Mit flackernden Augen lehnte er sich zurück, nippte an etwas Rotem mit Eiswürfeln und berichtete.

»Ich weiß nicht mehr, in welchem Jahr es war. Irgendwann Mitte der Sechziger. Mordsflugtag in Aviano an einem Sonntag. Ich glaub, es waren eine knappe Million Menschen da. Ich sollte die Gustav solo fliegen. Alles, was in der internationalen Kunstflugszene Rang und Namen hatte, war vertreten. Die Thunderbirds, die Blue Angels, die Patrouille de France, die Red Arrows und natürlich die Frecce Tricolori, die Italiener mit ihren zehn Fiat G-91*.«

Auf Victors Unterlippe stand der Schweiß. Seine Pupillen waren geweitet. Sein Glas hatte er vorsichtshalber abgestellt. Seine Hände zitterten.

»Am Abend vorher stehe ich mit den Thunderbirds an der Bar. Sie flogen die F-100 Super Sabre, einen Vietnam-Veteranen, mit der sie auch schon Kunstflugfiguren im Überschallbereich geflogen hatten. Ihr Chef, Major Pugh, war so zwischen dreißig und fünfunddrei-

*Militärische Kunstflugstaffeln: Thunderbirds (USAF), Blue Angels (US-Navy), Patrouille de France (Armée de l'Air), Red Arrows (Royal Air Force), Frecce Tricolori (Aeronautica Militare Italiana)

ßig, die anderen drei waren junge Typen so wie ich. Wir kamen überein, dass wir am nächsten Tag bei der Flugschau ein Programm zusammen machen würden.«

Victor kniff die Augen zusammen und musterte uns.

»Okay, es war nicht gerade üblich, dass zwei Teams, die sich nicht kennen, gemeinsam fliegen, ohne vorher zu proben. Aber Pugh und ich hatten uns schon früher bei anderen Airshows getroffen. Er hatte mich schon fliegen sehen. Er vertraute mir. Und verdammt, das italienische Wetter an diesem Sonntag war so, wie es italienischer nicht sein konnte, azzurro, azzurro, wir waren uns sympathisch und konnten unsere Figuren perfekt kombinieren. Und – die Amis mochten uns Deutsche. Die Initiative kam von ihnen. Also vereinbarten wir für den nächsten Morgen noch ein kurzes Briefing – und dann ging's los.«

»Was war denn euer Programm? Wie habt ihr das gemischt?«, fragt einer.

»Hold it! Kommt schon. Ich sollte als Solist mit den Thunderbirds zusammen Einzelmanöver fliegen. Eine »Opposition Barrel Roll« wollten wir wagen – oder mehrere, ich weiß nicht mehr. Einen »Goose to Sleep Climb«, ein paar spektakuläre Begegnungsmanöver – tief, schnell und laut –, und zum Schluss die »Explosion«. Ich glaub, eine Kubanische Acht hätte auch noch dabei sein sollen. Kennt ihr ja. Ganz genau kann ich mich nach den vielen Jahren nicht mehr erinnern.«

Er lehnte sich gegen die Bar und stützte sich mit einem Ellenbogen auf.

»Alles klar?«, fragte er.

Feuer blitzte in seinen Augen. Er legte die Hand auf Erwins Kopf. Der Hund bellte kurz seine Zustimmung.

Das war wieder der alte Victor Lakota, so wie wir ihn von früher kannten. Unsere Gruppe rückte näher zusammen, näher an ihn heran, um ihm zuzuhören.

Er wurde von einem Hustenanfall gepackt, hielt sich beide Hände vor den Mund und klappte für wenige Sekunden zusammen. Dann richtete er sich wieder auf, als wäre nichts gewesen.

»Beim Start wartete ich am Ende der Runway. Die Thunderbirds hatten sich zu viert hundert Meter vor mir in Diamond-Formation aufgereiht. Sie sollten in dieser Figur starten und steigen, und das taten sie auch. Bei Diamond, das wisst ihr ja, fliegt je einer an der linken und rechten Fläche des Lead (Formationsführer) und der vierte hängt ein, zwei Meter hinter ihm mit der Nase an seinem Auspuff. Der Slotman. Die Spezialität der Thunderbirds war, dass der Slotman, unmittelbar nachdem sie abgehoben hatten, eine Rolle drehen sollte. Mit ausgefahrenem Fahrwerk in acht oder zehn Metern. Ein Wahnsinnsmanöver in dieser niedrigen Höhe. Wenn er wieder in der richtigen Position hinter dem Lead hing, das Fahrwerk drin war und sie mit sechzig Grad nach oben zu steigen begannen, sollte ich mit der Hundertvier starten, so war es vereinbart.«

Victor sah plötzlich müde aus, und seine Haut war kalkweiß. Mir war noch nie aufgefallen, dass er so etwas wie einen winzigen Buckel hatte und Kopf und Schultern nach vorn hängen ließ. Ich bemerkte es jetzt zum ersten Mal. Oder war es Schmerz, der ihn so verbogen erscheinen ließ?

Seine Körpersprache teilte uns mit, dass er am liebsten aufhören würde zu erzählen. Als ob er es bereute, überhaupt damit angefangen zu haben. Ich ahnte bereits, was kommen würde. Etwas musste passiert sein bei dieser Show.

»Geht's dir gut, Victor?«, fragte ich. »Bist du okay?«

Aus verhangenen Augen sah er mich schweigend an.

»Absolut okay. Warum?« Ein Ruck ging durch seinen Körper.

Ich sah in die Runde. Der Kamerad, der aussah wie ein Omnibus, nickte mir aufmunternd zu. Er fühlte das Gleiche wie ich. Doch was sollte ich tun?

Ich kam nicht zum Überlegen, denn Victor begann schon wieder zu erzählen:

»Da stehen sie also, in ihren rot-weiß-blau bemalten F-100 und schieben das Gas rein. Dann starten sie. Ich erinnere mich noch, wie ich als Hundertvier-Jockey erstaunt war, welch lange Startstrecke die F-100 benötigte. Der Bock hatte zwar schon einen Nachbrenner, war aber noch ein Flugzeug aus der ersten Generation, so wie unsere F-84. Irgendwo in der Nähe des Towers hoben sie ab, alle vier. Ein wenig nach dem Tower vermutlich. Ich brannte vor Ungeduld, stand mit beiden Beinen in den Bremsen, bereit, den Nachbrenner reinzuschieben, sobald der Slotman seine Rolle gedreht hatte. Okay, und dann …und dann …«

Victor Lakota strauchelte und musste sich mit beiden Händen an einem Barhocker festhalten. Franz Schnell trat neben ihn und stützte ihn. Doch in Sekundenschnelle fing Victor sich wieder. Der Schrecken über das Erlebte stand ihm ins Gesicht geschrieben.

»Mit dem Slotman hatte ich mich am Abend zuvor noch lange an der Bar unterhalten. In diesem Moment fällt's mir wieder ein: Bill Falcon hieß der Junge. Billy. Gut aussehender feiner Kerl, der Billy, ein bisschen wie später Tom Cruise. Billy hat also sein Fahrwerk absichtlich noch ausgefahren, macht seine Rolle, kommt wohl mit den Rädern, die ja nun oben sind, in den Jetstream von Major Pugh und klatscht ungebremst nach unten aufs gläserne Cockpit. Ich meine, ich hätte ihn kurz wackeln oder zittern sehen, als seine Räder im Düsenstrahl hingen. Aber ich kann mich aus der Entfernung natürlich getäuscht haben. Es gab eine Riesenstichflamme, das brennende Flugzeug schlitterte die Runway hinunter und löste sich in vielen weiteren Explosionen in Trümmer und Schrott auf.«

Victor war anzusehen, wie sehr ihn die Schilderung mitnahm. Er legte den Kopf in den Nacken und schloss die Augen.

»Was haben die anderen drei gemacht?«, wird er gefragt. »Die waren ja schon in der Luft, als es passierte. Haben die den Unfall denn bemerkt?«

»Keine Ahnung. Sie fuhren das Fahrwerk ein und begannen den Steigflug. Und ich stand hinten am Ende der Piste und war schockiert. Natürlich war mein erster Gedanke, das Triebwerk einfach abzuschalten und nach Hause zu gehen. Aber wir sind schließlich Profis und geben nicht einfach auf. Also fragte ich den Tower: ›What do you want me to do‹? (Was soll ich tun?) Ich wusste, auf dem Tower standen ein US-Colonel und ein Italiener, die den Flugbetrieb überwachten und die Airshow leiteten. Sie kannten unser Programm.«

Tränen sammelten sich in seinen Augen. Victor suchte nach einem Taschentuch und schnäuzte sich.

Ich kenne das. Wir alle kennen das. Hundert kleine Erinnerungen, auf die man nicht immer gefasst ist. Vermintes Gebiet, das jederzeit explodieren kann.

»›Go!‹, kam der Befehl vom Tower. »Als hätte ich es mir gewünscht, ließ ich die Bremsen los und schob den Gashebel ganz nach vorn in die Nachbrennerstellung.«

»Ja ja, schon klar. Wir wissen ja, wie ein Starfighter startet«, unterbrach einer bissig. »Wie ging's dann weiter? Da lag doch einer zerbröselt auf der Runway!«

»Je näher ich dem Wrack kam, das da in Flammen aufgegangen war«, fuhr Victor fort, »desto unschlüssiger wurde ich. Doch abbrechen konnte ich den Start nicht mehr, das geschah alles in Sekundenschnelle.«

Er schluckte. »Es war einer der schrecklichsten Momente in meinem Leben, als ich über das geschmolzene Wrack von Billys F-100 und die brennenden Trümmer hinweggehüpft bin.« Victor hielt kurz inne.

»Wir spulten unser Programm ab, als ob nichts gewesen wäre – bis auf ein paar kleinere spritsparende Änderungen, die uns Major Pugh über Funk durchgab. Wir wollten ja so lange wie möglich in der Luft bleiben, um der Bodencrew Zeit zu geben, das Zeug, das da auf der Runway rumlag, wieder aufzusammeln. In der Zwischenzeit räumte die Feuerwehr unten die Reste weg, Kehrmaschinen fegten die Landebahn frei und machten sauber. Alles war fertig, als wir die Genehmigung zum Landen erhielten.«

»Nein!«, rief Franz Schnell ungläubig und schüttelte den Kopf.

»Glaub ich nicht!«, bestätigte ein anderer und lockerte die Krawatte.

»Typisch Amis!«, widersprach der Pianist, der wohl aus der Entfernung mitgehört hatte und nun seine Deckung aufgab. »Kann ich nur bestätigen. Ich hab mal bei den Amis gespielt …«

Eine heiße Diskussion entspann sich. Ich bekam langsam Angst um Victor, der immer mehr in sich zusammensackte. Er hatte eine unglaubliche Geschichte erzählt, eine, die er selbst erlebt hatte, und die Hälfte der Anwesenden nahm sie ihm nicht ab. Das war Gift für ein sensibles Gemüt wie seines.

In einem waren alle sich einig. Das Geschehen lag immerhin mehr als vierzig Jahre zurück. Heute würde eine solche Anordnung wie die vom Tower in Aviano nicht mehr gegeben werden. Man würde mehr Einfühlungsvermögen, Respekt und Zurückhaltung zeigen und auf eine solche Rohfassung verzichten – obschon es auch damals eine mutige Entscheidung war, die zum Glück gut ausging.

Dann war Victor von einer Sekunde auf die andere mitsamt Erwin verschwunden. Ich konnte mir ausmalen warum. Nein, er war nicht auf der Toilette. Er war auch nicht draußen im Freien. In einem leeren Fernsehraum gabelte ich ihn schließlich auf. Das bisschen Licht, das den Raum erhellte, stammte vom Flur. Es gab den Dingen um Victor herum keine Konturen und warf keine Schatten.

Erwin lag neben ihm unter einem kantigen Eichentisch. Er hatte den Kopf auf die Vorderbeine gelegt und die Augen geschlossen.

Victor selbst saß vornübergebeugt auf einem Sessel und starrte auf den dunklen Fernsehschirm. Ein alter, ein uralter Mann. In seinen Augen stand der Schreck geschrieben, und sein Mund stand offen, als fiele ihm das Atmen schwer. Grau war sein Gesicht. Das Schlimmste war jedoch die Stimme, als er sie wieder zu benutzen versuchte. Auf seltsame Weise hatte sie innerhalb von Minuten jegliches Volumen verloren. Er klang wie ein Sterbender.

Unvermittelt fingen seine Beine an, sich zu bewegen. Vor und zurück. Vor und zurück. Vor und zurück – etwa in der Art, wie ein Elefant im Zoo den Kopf hin und her pendeln lässt und dabei den Rüssel schwenkt. Oder wie ein Geisteskranker mit der Stirn gegen die Mauer klopft, unablässig, immer im gleichen Rhythmus.

Wortlos setzte ich mich zu ihm. Sein breiter, sonst gewöhnlich etwas feucht lächelnder Mund war noch immer locker wie ein Fischmaul am Angelhaken. Die Beine hörten nicht auf zu pendeln.

Ist es nicht eigentümlich, dass ein Unglück, das dir das Blut erstarren lässt und dir den Atem raubt, nach zig Jahren noch etwas so menschlich Berührendes nach sich ziehen kann? Noch nie war ich Victor Lakota so nah wie in diesem Augenblick. Welches Schicksal hatte er überstanden! Allein dieses Aviano-Geschehen und die Tatsache, dass seine Frau vergewaltigt worden und daran gestorben war, hätten jeden normalen Menschen aus der Bahn werfen können.

Als sich seine Lider unglaublich langsam über die Augen schoben, kam es mir zunächst vor, als sei er eingeschlafen. Doch dieses Wegrutschen nach vorn, das Aufschlagen auf dem Fußboden, das ich nicht rechtzeitig wahrnahm und verhindern konnte, alarmierten mich endgültig.

Ich verzichtete darauf, das Hotel oder die Kameraden zu benachrichtigen und rief sofort den Notarzt. Sie kamen und transportierten ihn ab.

Alles, was Victor an Spur hinterließ, war eine Karte in meiner Brieftasche. Die Karte hatte einen Knick in der rechten oberen Ecke. »Krankenhaus Köpenick, Notdienst, Tel.(030)3035-3000« stand darauf.

Und Erwin? Wer sollte sich um ihn kümmern, nun, da sein Herr im Krankenhaus lag? Ich natürlich. Selbst leidenschaftlicher Hundefreund, blieb mir nichts anderes übrig. Erwin und ich, wir verstanden uns sofort.

Nachdem General Johannes Steinhoff das Amt des Inspekteurs übernommen hatte, bekam die Luftwaffe das hochkomplexe Waffensystem F 104 G immer besser in den Griff.

Steinhoff

Wie gesagt, der Starfighter war kein fliegerisches Spielzeug, nichts womit man herumtoben, prahlen, Frauen beeindrucken konnte. Nein, er war das zu seiner Zeit modernste, am weitesten entwickelte Flugzeug und Waffensystem. Was fehlte, waren ein auf ihn zugeschnittener organisatorischer Unterbau und die nötige Zeit für eine gewissenhafte Einführung.

In einem fest zementierten NATO-Konzept folgte die F-104G auf eine Flugzeuggeneration, die in den Fünfzigerjahren bereits zum Einsatz gekommen war und damit meilenweit vom aktuellen Standard entfernt war. Wie schon gesagt, ein Technologiesprung ähnlich dem von einer Borgward Isabella zum Audi A6. Ursprünglich in den USA als Tagjäger für gute Wetterbedingungen konzipiert, musste sie bei den europäischen Streitkräften sämtliche taktischen Aufgaben der Militärfliegerei bei Tag und Nacht und bei jedem Wetter wahrnehmen. Der Starfighter diente als Jäger, Jagdbomber, Aufklärer und Seeflieger. Das machte ihn schwerer und sicher auch komplizierter, nahm der Maschine jedoch nichts von ihrer Einmaligkeit.

Die junge deutsche Bundeswehr hatte ihre Leistungsfähigkeit überschätzt, als sie dieses Waffensystem in seiner ganzen Vielseitigkeit in kürzester Zeit etablieren wollte. Man hatte Warnungen aus den eigenen Reihen in den Wind geschlagen und zu viele Flugzeuge in zu kurzer Zeit bei der noch unerfahrenen Truppe eingeführt. Nach zehn Jahren ohne eigene Militärfliegerei zwischen dem Ende des Zweiten Weltkriegs und der Gründung der Bundeswehr traten erhebliche Mängel an Personal, Material, Logistik und Infrastruktur zutage, die kurzfristig nicht zu beheben waren. Das erschwerte von Anbeginn den reibungslosen Aufbau der Starfighterflotte und schränkte deren Kampfwert zunächst erheblich ein.

Stellen Sie sich eine nagelneue Ferrari-Fachwerkstatt vor, die zehn Mechaniker für die anfallende Arbeit benötigt. Die Firma inseriert und erhält sechs Zuschriften. Zwei Fiat-, einen Daihatsu-, einen Renault- und einen Opelspezialisten sowie einen Arbeitslosen – aber es bewirbt sich niemand mit einschlägiger Erfahrung. Der Werkstattleiter stellt alle sechs ein, was er niemals getan hätte, bräuchte er sie nicht dringend für die anstehenden Arbeiten. Die Halle steht voller Autos. Also beißt er in den sauren Apfel und arbeitet mit dem Personal, das er bekommen kann. Wir können uns also ausmalen, was die Beschwerdeabteilung später zu tun haben wird!

Ähnlich verhielt es sich damals mit der Luftwaffe. Modern gerüstete Luftstreitkräfte in der Größenordnung von 90 000 bis 100 000 Mann hätten rund 35 000 bis 40 000 Mechaniker benötigt. Die Luftwaffe der Bundeswehr Mitte der Sechziger verfügte aber nur über insgesamt 20 000 Mann Wartungspersonal – ein Fehlbestand von 40 Prozent. Deshalb war das Bodenpersonal bei allem Engagement und aller Disziplin vollkommen überlastet. Die Männer arbeiteten oft bis zu 60 Stunden in der Woche. Für diese Menge an Arbeitszeit waren sie unterbezahlt.

Dazu kam, dass etwa ein Viertel des Starfighter-Bodenpersonals Wehrpflichtige waren, die nach 18 Monaten – wenn sie sich halbwegs in der umfangreichen, komplexen Technik auskannten – wieder abwanderten. In den Luftwaffen anderer NATO-Staaten – die allerdings einen kleineren Flugpark betreiben – arbeiteten dagegen so gut wie ausschließlich längerdienende Zeit- oder Berufssoldaten als Mechaniker.

Auch dafür gab es eine Erklärung: Länger dienendes Personal war nicht in genügender Zahl vorhanden. Das »Wirtschaftswunder« in den sechziger Jahren hatte den Arbeitsmarkt leergefegt. Wer bewarb sich damals schon für einen karg bezahlten Job mit schlechtem Image in der Bundeswehr, wenn es draußen mehr zu holen gab? Warum bei jedem Wetter und mit unregelmäßigen Arbeitszeiten den Flugzeugwart spielen, wenn's bei der Bundespost doch so gemütlich zuging?

Dieser Mangel an geeignetem Fachpersonal führte zu einem geringeren Klarstand der Maschinen, ließ also die Zahl der einsatzbereiten Flugzeuge sinken. Die Piloten kamen nicht in die Luft, ihr Erfahrungsstand stagnierte .... ein Teufelskreis, der unter denselben Bedingungen mit anderen hochmodernen Kampfflugzeugen ebenso entstanden wäre.

Erst der Rücktritt des Inspekteurs General Werner Panitzki und die Übernahme des Amts durch General Johannes Steinhoff 1966 brachte die Wende. Steinhoff war im Zweiten Weltkrieg ein äußerst erfolgreicher Jagdflieger gewesen und Träger der höchsten Auszeichnung, des Ritterkreuzes des Eisernen Kreuzes mit Eichenlaub und Schwertern. Sein politischer Ruf nach dem Krieg war einwandfrei. Noch kurz vor Kriegsende war er im April 1945 mit seiner Me-262, dem ersten einsatzbereiten Strahljäger, verunglückt. Schwere Verbrennungsnarben im Gesicht zeichneten ihn für den Rest seines Lebens.

Nach der Entlassung aus dem Lazarett erlernte er in einem Majolikabetrieb die Keramikmalerei und arbeitete danach in einer Werbeagentur. Als er das Kommando über die deutsche Luftwaffe übernahm, war er 53 Jahre alt. Ich habe als junger Offizier General Steinhoff zwei- oder dreimal getroffen. Jedes Mal, wenn er mir die Hand schüttelte, erfüllte mich Stolz.

Es hieß damals, Steinhoff habe vor Dienstantritt diverse Bedingungen gestellt. Er werde nur antreten, wenn entsprechende Voraussetzungen geschaffen würden. Eine davon war, so wurde kolportiert, dass die Personalprobleme behoben wurden. Eine weitere war der Bau von Shelters nach NATO-Standard als »Garagen« für die F-104. Er konnte beide – und weitere – Maßnahmen durchsetzen. Sie griffen spürbar und rasch. Die Unfallrate nahm ab, die Stimmung stieg. Steinhoffs radikale Verbesserungen brachten die Luftwaffe wieder ins Gleichgewicht.

Das Ansehen des Starfighters in der deutschen Öffentlichkeit jedoch hatte irreparablen Schaden genommen. Bis zu seiner Ausmusterung 1991 und darüber hinaus wurde das Flugzeug mit Skepsis betrachtet, ja belächelt. Um diesen Eindruck zu korrigieren, wurde dieses Buch geschrieben.

Atomkrieg

Die dem Starfighter zugedachte Primärrolle war die eines Atombombers. Das klingt gewaltig, und das war es auch. Fünf Jagdbombergeschwader hatten diese »Strike«-Rolle. Zwei Staffeln mit jeweils 18 F-104G, deren Piloten darauf trainiert waren, bei jedem Wetter Nuklearwaffen auf feindliche Ziele abzuwerfen, etwa Truppenansammlungen oder Flugplätze, Bahnhöfe, Staumauern, Raffinerien. Die Bomben befanden sich unter der Kontrolle der Amerikaner. Die Bundeswehr konnte also nicht frei darüber verfügen.

Jeder dieser niedlichen Sprengkörper wog 900 Kilogramm, eine knappe Tonne. Jede einzelne Bombe besaß das eineinhalbfache Zerstörungspotenzial der Hiroshima-Bombe. Jede entstammte einem am jeweiligen deutschen Fliegerhorst stationierten Arsenal der US Army. Bei allen fünf Jagdbombergeschwadern (Memmingen, Lechfeld, Büchel, Nörvenich, Hopsten) standen an 365 Tagen 24 Stunden lang je sechs Starfighter vollgetankt und vorgewärmt in den Shelters bereit, um innerhalb von 15 Minuten von der Piste abzuheben, die todbringende Last zum Feind zu tragen und »mit dieser atomaren Ausrüstung die feindliche Luftwaffe am Boden zu zerstören«, wie es General Panitzki formulierte. Das übergeordnete NATO-Hauptquartier musste dazu den

Einsatzbefehl erteilen. In diesem Fall würden vier speziell beauftragte US-Offiziere, jeder mit einem Spezialschlüssel, zu ihrem mit Stacheldraht gesicherten Gittertor nahe der Rollbahn eilen, dieses in einer bestimmten Reihenfolge aufschließen und die Atombombe unter dem deutschen Starfighter scharf machen.

»Quick Reaction Alert« (QRA) hieß das – die Grundlage jeden Familienglücks. Ein bis drei Tage saßen Warte und Piloten, also meist Ehemänner und Väter, in solcher QRA-Bereitschaft quasi miteinander in Einzelhaft.

Zwei Ziele für den Bombenabwurf musste jeder alarmbereite Starfighterpilot im Kopf haben. Im sogenannten Cosmic-Raum* hatte er sie vorher in vielstündigen Sitzungen auswendig gelernt, auch den Weg, auf dem man ans Ziel kam: die Abflugroute vom Flugplatz, die Anflugroute zum Ziel mit allen Teilstrecken und Wendepunkten, das Abwurfmanöver und die Rückkehr zur Basis in diversen Etappen. Außerdem hatte er sich Flughöhen, Kurse, Kursänderungen, Zeiten für die einzelnen Flugstrecken, das Geländebild der gesamten Route, höchst geheime Luft- oder Satellitenbilder von markanten Punkten und, wenn möglich, auch vom Zieleingeprägt. Verantwortlich für die Routenplanung und alle weiteren Details war der Flugzeugführer selbst. Das gesamte Material war in einer fünf Zentimeter dicken roten Geheimakte verpackt, die ausschließlich für einen Einzigen bestimmt war. Nur jeweils ein einzelner Pilot durfte den Cosmic-Raum betreten. Damit war ausge-

---

*»Cosmic Top Secret«, die höchste Geheimhaltungsstufe der NATO

schlossen, dass man in die Geheimunterlagen eines Kameraden Einsicht nahm. Erst unmittelbar vor dem Start sollte dem Kampfpiloten sein endgültiges Ziel mitgeteilt werden.

Ergänzend wurden von den beiden Aufklärungsgeschwadern der Luftwaffe (Leck, Bremgarten) Einsätze geplant, und zwar vor (»pre-strike Reconnaissance«) oder nach (»post-strike«) dem Atomschlag der Jabos. Auch wir Aufklärungspiloten – ich gehörte zu dieser Zeit dem Aufklärungsgeschwader 52 in Leck, Nordfriesland, an – unterlagen den gleichen beschriebenen Cosmic-Bedingungen. Es war ein ungeliebter Job. Ich weiß noch, wie ich ein-, zweimal im Monat die Treppen hinunter in unseren Cosmic-Keller stapfte, mich mit meiner Mission beschäftigte und Tests darüber ablegen musste. Ich meine mich zu erinnern, dass ein bedeutender Verschiebebahnhof und ein Hafen an der Ostsee unter meinen Zielen waren.

Wir waren damals ziemlich blauäugig. Wir machten uns kaum Gedanken darüber, wie so ein Auftrag unter den Bedingungen eines Atomkriegs hätte erfüllt werden können. Unser Cockpit war weder gegen Gammastrahlen und Explosionserschütterungen noch gegen Beschuss gesichert. Zehn oder zwanzig Minuten vor oder nach dem nuklearen Angriff unserer Jagdbomberkameraden wären wir im Ernstfall über dem Ziel – und entsprechenden Nebenwirkungen ausgesetzt gewesen.

Als Zusatzaufgabe hatte unser NATO-Aufklärungsverband die Ostseeausgänge zu überwachen. Kein Schiff sollte durch Skagerrak und Kattegat laufen, das nicht von uns auf eine mögliche militärische Verwendung hin aus dem Flugzeug heraus erkundet und fotografiert wurde. Dazu wurden die Luftbilder am Boden von speziell dafür ausgebildeten Luftbildauswertern bearbeitet.

Auf diese Weise waren im Übrigen im Juli 1962 die sowjetischen Mittelstreckenraketen mit zugehörigen Atomsprengköpfen auf dem Weg nach Kuba entdeckt und anschließend auf dem gesamten Weg dorthin von Polaris-U-Booten und U2-Flugzeugen der Amerikaner »begleitet« worden.

In diesem Geschäft wollte die deutsche Politik in den Sechzigerjahren mitmischen. Das Verlangen der regierenden politischen Eliten nach deutscher Luftgeltung und nach Teilhabe an atomarer Waffengewalt schien übermächtig. Franz Josef Strauß, der damalige Verteidigungsminister, war fest entschlossen, im Konzert der NATO-Partner bei den ersten Geigen mitzuspielen. Deshalb stockte er das zu beschaffende Starfighterkontingent bereits 1960 von 250 auf 700 Maschinen auf.

Zwar hatte General Steinhoff rechtzeitig vor diesem übereilten Schritt gewarnt: »In absehbarer Zeit kann die Luftwaffe ihren personellen und technischen Voraussetzungen nach nicht mehr als 250 Flugzeuge verkraften.« Aber er wurde überstimmt.

Neue Flugzeugmuster in einer Größenordnung von rund 250 Exemplaren innerhalb von fünf Jahren einzuführen, entsprach einer langjährig gängigen Praxis der amerikanischen Streitkräfte. Andere NATO-Staaten hielten sich ebenfalls an diese Regel. Die italienische Aeronautica Militare beispielsweise begnügte sich – unabhängig von finanziellen Aspekten – jahrelang mit 125 Maschinen, und erst als sie diese Flotte vollkommen beherrschte, kaufte sie nach. So lautete jedenfalls die offizielle Lesart.

Die politische Entscheidung, den Flugzeugtyp F-104 in Europa in Lizenz bauen zu lassen, war natürlich erwünscht, hatte sie doch einen gigantischen wirtschaftlichen Nebeneffekt. Eine gewaltige Industriemaschinerie wurde angekurbelt, um den Supervogel zu reproduzieren. Rund 100 000 Ingenieure und Facharbeiter waren in 25 Flugzeugwerken, bei 6 Triebwerkherstellern und 36 Elektronik-Unternehmen tätig. Über 500 Zulieferer wurden mit Aufträgen versorgt. Eine neue Rüstungsindustrie wurde geschaffen.

Zweifellos hätte die Umrüstung auf den neuen Flugzeugtyp langsamer vonstatten gehen können. Doch die machtgierige Politik wollte durch eine NATO-Hintertür Deutschlands atomare Teilhaberschaft möglichst rasch zum fait accompli machen. »Wir wollen ein Flugzeug haben, das Atomwaffen bis zum Ural tragen kann«, hieß es. Die Verfügung über Atombomben war zum Inbegriff politischer und militärischer Macht geworden.

»Atombombe«. Gott sei Dank ist dies ein Begriff, der sich mehr und mehr aus der deutschen Sprache davonschleicht. Wir sollten ihm keine Träne nachweinen.

Pilotenalltag

Sowohl Unteroffiziere als auch Offiziere konnten in den Sechzigern den Beruf eines »Strahlflugzeugführers« in der deutschen Luftwaffe ausüben. Sie wurden gleich und gerecht behandelt und waren allesamt ziemlich privilegiert. Alle bekamen feine Pilotenverpflegung und unglaubliche 300 D-Mark Fliegerzulage im Monat.

Nur das Gehalt stimmte nicht überein. Die einen bekamen mehr, die andern weniger für dieselbe Tätigkeit. Die einen hatten Perspektive, die andern nicht. Es war wie heute noch in vielen Arbeitsstellen: Es gibt Unterschiede zwischen Mann und Frau oder, wie in den USA, zwischen Weiß und Schwarz. Für gleiche Tätigkeit oder Ausbildung bekommen Frau und Schwarz weniger Geld als Mann und Weiß.

Der Feldwebel und der Leutnant hatten exakt das gleiche Aufgabenspektrum. Sie wurden zum Jetpiloten ausgebildet und flogen Ausbildungs- oder Kampfeinsätze. Der eine hatte Abitur, der andere nicht, deswegen war der eine Leutnant, der andere Feldwebel. Der Unterschied: Feldwebeldienstgrade hatten zunächst keine weitere Karrierechance. Sie blieben Piloten bis zum Ende – ein Relikt aus dem Zweiten Weltkrieg.

Nur der Leutnant hatte den berühmten Marschallstab im Tornister. Er hatte die Chance, im Verband Einsatzoffizier zu werden, Staffelkapitän, Kommandeur, Kommodore. Per Dienstgrad war er Vorgesetzter jedes noch so begabten Feldwebels.

»Guten Morgen, Herr Müller.«
»Guten Tag, Herr Oberleutnant«, oder
»Würden Sie sich bitte für den Formationsstart an meiner linken Fläche aufstellen, Herr Hauptmann?«
»Klar, mach ich, Schneider.«

Der Feldwebel Schneider hatte nicht nur keinen Stern auf den Schulterklappen, er bekam, wie gesagt, auch weniger Gehalt. Leutnant und Feldwebel wurden nach dem Beamtenbesoldungsgesetz bezahlt, der eine nach Besoldungsgruppe A9, der andere nach A7. Bei Dienstreisen mit der Bahn fuhr der Leutnant in der Ersten Klasse, der Feldwebel begab sich in die Zweite.

Ich kann mich an keinen Aufstand, an keinen Funken einer Revolte erinnern. Es war eben so. Mitte der Sechzigerjahre waren alle mehr oder weniger zufrieden mit ihrem Schicksal. 1968 wurde dann die Laufbahn eines Offiziers des militärfachlichen Dienstes geschaffen, in der es der hoch qualifizierte Unteroffizier immerhin bis zum Hauptmann, gelegentlich sogar bis zum Major bringen konnte. Der »Fachdiener« glich dem »Warrant Officer« in den Streitkräften anderer Staaten und bekam gleiches Geld für gleiche Arbeit. Von Beginn an tatsächlich gleich war nur die Fliegerzulage.

Am Fünften jedes Monats standen Schlangen vor den Amtszimmern der Rechnungsführer. Es gab Fliegerzulage! Sie war unversteuert und wurde in bar ausbezahlt. Monatlich 300 Mark mehr als jeder, der keinen Starfighter flog. 300 Mark mehr als der Personaloffizier, der Sicherheitsfeldwebel, der Wachleiter, die Towerbesatzung. Wie gesagt, anfangs »war es halt so«, doch später entwickelte sich unter den Piloten eine Protestbewegung, die mehr und mehr Unruhe verursachte. Schließlich wurde ihren Forderungen nachgegeben und die Zulage erhöht.

Ich erinnere mich aber, in den Anfangsjahren Aussagen gehört zu haben wie »Ich würde auch ohne Fliegerzulage fliegen«, »Ich brauch keinen Urlaub, ich will fliegen«, »Fliegen ist mein Hobby, ich hab's zu meinem Beruf gemacht. Dafür brauch ich kein Geld.«

O Zeit der großen Ideale, wo bist du geblieben!

Jede Staffel hatte ihre eigene Pilotenküche, eine Art Szenetreff. Dort gab's mittags die Pilotenverpflegung. Die Küchenchefs hießen Tante Sophie, Onkel Kurt oder Tante Mariechen oder so, und es gab immer etwas Besonderes. Wenn in der normalen Truppenküche Königsberger Klopse mit Rote-Bete-Salat auf der Karte stand, kochte Tante Sophie österreichischen Tafelspitz mit Rahmwirsing und Salzkartoffeln, dazu Frittatensuppe als Vorspeise und Schokoladenpudding zum Nachtisch.

Onkel Kurt war ein Meister des Schnitzels und briet seine Schnitzel in echter Butter: Wiener Schnitzel, Jägerschnitzel, Pariser Schnitzel, Schnitzel à la Hol-s-tein, Fliegerschnitzel, Russenschnitzel, Fallschirmschnitzel (Wiener Schnitzel mit Spiegelei auf einem Minifallschirm serviert – in echter Butter).

Und Tante Mariechen mit ihrem köstlichen s-pitzen S? Sie hantierte bei uns in Leck, Nordfriesland, in der Küche. Alles, was die nordfriesische Küche an Leckereien bot, gab es im Laufe eines Fliegermonats bei uns:

Matjesfilet in Sauerrahm mit S-peckbohnen, Scholle mit (echtem) S-peck, Runds-tück warm (das war eine halbe Kuh im Brötchen mit einem Topf voll brauner Sauce darüber), Kohlroulade mit S-peckrahmsauce, Feuriger Nordseesalat an Preißelbeersauce mit Garnelen, Räucherlachs, Paprikas-treifen. Und täglich zum Nachtisch Pfirsich Melba.

Selbst beim Nachtflug war Tante Mariechen unentbehrlich. Erstens lag sie mit ihren Nebel- oder Nichtnebelvorhersagen meist richtiger als der Meteorologe, zweitens gab es hinterher die besten Sandwiches der Welt. Bes-trichen mit echter Butter.

Trophologie war damals in Pilotenküchen so wenig bekannt wie das Internet. Das Berufsfeld nordfriesischer Ernährungswissenschaftler erstreckte sich noch nicht auf biochemische Grundlagenforschung. Der Fliegerarzt führte Dienstaufsicht, und der aß selbst zwei Schnitzel am Tag und rauchte seine Ernte 23 in Kette.

Immerhin gab es zu jedem Gericht Salat oder Gemüse. Das war Pflicht. Es schmeckte, und wir fühlten uns sauwohl.

Wenn man nach einem ausgiebigen Low Level (Tiefflug) im Starfighter durchs Weserbergland schweißtriefend, mit zittrigen Fingern und Kreuzweh wieder zurückkehrt, ist ein Kasselerkotelett auf Sauerkraut mit Speckpüree das höchste der Gefühle – vor allem wenn's draußen stürmt, zischt und pfeift! Und zum Nachtisch Pfirsich Melba.

Survival

Die überschüssigen Pfunde wurden wir am Steuerknüppel wieder los, wenn wir im »Frankenstein«, einem monströsen Kälteschutzanzug bei Flügen über See, steckten, oder beim Sport, oder im Simulator – oder beim ... Survival. Wofür Topmanager heute Koffer voller Geld hinlegen, das hatten wir völlig umsonst. Einmal im Jahr wurde Überleben geübt, von manchen sogar öfter (zum Beispiel von mir). Überleben an Land. Überleben auf See. Wir waren schließlich kein Müttergenesungswerk, sondern mussten uns nach einem möglichen Absprung aus dem Flugzeug gegen Hunger, Kälte, Russen und Drachen behaupten können. Wenn es darauf ankam auch mit allen Mitteln. Im Frieden und im Krieg. Dieses Wort allerdings kam so gut wie nie über unsere Lippen. Wir nannten es »Ernstfall«.

»Ist doch ein echter Leckerbissen, nicht?« Mein Staffelkapitän hatte sein Telefonat beendet. Wild ruderte er mit den Händen, als er schilderte, wie schwer es gewesen sei, zwei Plätze für diesen Lehrgang zu bekommen.

»Bei ›Operation Paradise‹ handelt es sich um die erste Durchschlageübung, die von der NATO veranstaltet wird«, verkündete er stolz. »Es gibt nur 18 Teilnehmer, je zwei aus neun NATO-Luftwaffen. Klar, dass die

Nationen nur ihre Top-Leute entsenden werden.« Der StaKa machte eine bedeutungsvolle Pause. »Und wir, unsere Staffel, wir haben einen Platz zugeteilt bekommen. Erst jetzt am Wochenende wurde das entschieden.« Er blinzelte mir zu. »Sie, Herr Loy, werden dort die deutsche Luftwaffe vertreten, zusammen mit jemandem aus einem anderen Verband, den ich noch nicht kenne. Am kommenden Wochenende geht's los.« Er ballte die Fäuste und rammte sie in die Taschen. »Warum machen Sie denn so ein verdattertes Gesicht, Herr Loy?«

»Na ja, es ist nur ...«, sagte ich mit belegter Stimme, »... in dieser verdammten Staffel kann man sich nichts vornehmen. Für das nächste Wochenende habe ich eine sehr wichtige Sache geplant, eine enorm wichtige.«

Am vorangegangenen Wochenende hatte ich OVG gehabt, am vorletzten in QRA gesessen. Und am kommenden wollte ich endlich einmal wieder die Eltern besuchen.

»Verschieben, Herr Loy, verschieben! Der Dienst geht vor, das wissen Sie.« Er grinste mich an. »Außerdem sind Sie doch hoch spezialisiert auf ›Zerreibel‹ (eine Verballhornung von Survival), oder?«

»Verschlusssache VS-Vertraulich: Captain Gary Bullitt und Oberleutnant Hannsdieter Loy werden für die Zeit vom 08. 11.–17. 11. zu einem Lehrgang ›Überleben im Gelände‹ kommandiert. Deckname: ›Operation Paradise‹. Meldung am 07. 11. bei TrpÜbPlKdo Vogelsang, Vogelsang, Eifel. Anzug: Fliegerjacke, Fliegerkombination grau, Fliegerstiefel, Fliegerhandschuhe Leder, Schiffchen. Lange Unterwäsche empfohlen.«

Von Gary Bullitt, dem US-Austauschoffizier, hatte ich schon gehört. Er war in Nellis Air Force Base, Kalifornien, stationiert gewesen und flog nun für zwei Jahre beim Jagdgeschwader 71 »Richthofen« in Wittmund, Ostfriesland. Welch ein Kontrast! Tausche Sonne gegen Nebel. T-Bone-Steak gegen Grünkohl. Harvey Wallbanger gegen Appelkoorn.

Gleich nach der Ankunft auf dem belgischen Truppenübungsplatz Vogelsang werden uns die Augen verbunden. Wir werden in einen großen, hallenden Raum geführt. Dort dürfen wir die Augenbinden abnehmen.
Ich sehe mich um. Es gibt keine Fenster. Hunderttausend-Watt-Glühbirnen baumeln von der Decke. Leere Zigarettenschachteln und -kippen liegen verstreut auf einem total verdreckten Boden. Ein paar Tische, eine Filmleinwand, ein Haufen Schleudersitzkissen, verkratzte Fliegerhelme, wie vom Sturm durcheinandergewirbelt. Ein Geruch nach Moder, Aas und Verwesung. Fremde Männer in Fluganzügen auf Holzstühlen. Ich erkenne belgische und holländische Dienstgradabzeichen. Zwei Teilnehmer aus jedem Land, in der Tat. Amerikaner, Kanadier, Türken, Norweger, Engländer, Italiener. Gary Bullitt sitzt neben mir. Insgesamt 18 NATO-Piloten.
An der Stirnseite der Halle wickelt sich ein pockennarbiger, vierschrötiger Mann mit dem Gesicht einer japanischen Faltendogge eine Fliegerjacke um den Arm. Hinter uns, am anderen Ende des Raums, öffnet sich quietschend ein rostzerfressenes Eisentor. Wie ein Tiger in den Zirkus trabt ein riesenhafter Schäferhund herein. Ein wunderschönes Tier mit abfallendem Rücken und

buschigem Schweif. Der Hund stutzt, blickt um sich, schnüffelt.

»Huaaa!«

Pockenface brüllt und fuchtelt wild mit den Armen.

Will er den Hund angreifen?, frage ich mich.

Der Hund zieht die Lefzen zurück, knurrt.

»Huaaa!«

Wie vom Katapult geschossen schnellt der Hund auf Pockenface zu. Er nimmt ein paar leere Stühle mit, bevor er springt. Mächtig und elegant, wie ein hungriger Puma, liegt der Hund in der Luft, als er mit offenem Gebiss heulend auf den Mann zufliegt. Ich fühle mich an afrikanische Tierfilme erinnert.

»Unbelievable«, flüstert Gary, »der wird den Mann zerreißen.«

Der Hund schlägt die Kiefer in den umwickelten Arm. Im letzten Moment blitzt ein Messer auf. Der Mann sticht zu. Der Hund überschlägt sich, prallt mit einem hässlichen Laut gegen die Wand und sackt zu Boden. Das Messer steckt bis zum Heft in der Kehle des Hundes. Gelassen schlitzt der Mann den Hals des toten Tiers auf und lässt es ausbluten.

Gary Bullitt ist das Blut zu Kopf gestiegen. Er springt auf. »Ihr konnt dock nicht einfack so zum Vorseigen eine gesunde, froolige Hund toten!« ruft er nach vorne.

Der Mann lächelt.

»Sechs Tage habt ihr Zeit«, sagt er mit sanfter Stimme auf Englisch. »Ihr müsst euch durchschlagen. Von diesseits des Rheins über den Rhein und über die belgische Grenze. Ihr seid 18 Mann. Die Polizei ist euer Gegner, die Forstbeamten, der deutsche und der belgische Zoll sowie eine Brigade des belgischen Heeres.«

Ich rechne nach. Also fünf-, sechs-, siebentausend Mann gegen achtzehn.

Gary sieht mich an. Wir nicken uns zu. Denen zeigen wir's, goddamned.

»Wir raten euch, nicht mit der Bevölkerung Kontakt aufzunehmen. Die Leute wurden von uns über alle Medien und durch Flugblätter informiert, und wir haben ein Kopfgeld auf euch ausgesetzt. Fünfzig Mark für jeden erfolgreichen Hinweis.«

Unser Ehrgeiz ist geweckt. Zwei volle Tage lang wird uns beigebracht, wie man Fährten liest, die Himmelsrichtung bestimmt, Forellen im Bach fängt, ein Vorhängeschloss knackt, mit zwei Kieseln Feuer schlägt und Messer schärft, ein Baumlager baut, sich lautlos anschleicht, einen Menschen von hinten mit der Drahtschlinge erdrosselt oder ihm mit dem Messer lautlos die Kehle durchtrennt.

Zum Abschluss wird Gary ein lebendiges Huhn vorgesetzt. Er soll den Kopf in die geschlossene Hand nehmen und das Huhn wie ein Lasso über den Kopf schwingen. »So wie man einen nassen Lappen ausschleudern würde.«

»Dadurch verliert es die Besinnung und bleibt ruhig«, erklärt Pockenface.

Die Augen des Huhns rollen unter geschlossenen Lidern. Plötzlich knackt es, und Gary hat nur mehr den Kopf in der Hand. Wie aus einem pulsierenden Schlauch spritzt Blut aus dem ausgefransten Hals. Flügelschlagend rennt das kopflose Tier im Kreis ... und im Kreis ... und fällt nach Minuten leblos um.

Pockenface ist ganz in seinem Element: »Mit Lehm umwickelt und in heißer Glut gebacken schmeckt es besser als im ›Wienerwald‹. Vor allem bleiben die lästigen Federn im Lehm haften.«

In der rauen Nacht vom 9. auf den 10. November werden wir östlich des Rheins vom Lastwagen gestoßen. Nicht im Pulk, sondern einzeln im Abstand von mehreren Kilometern. Damit soll verhindert werden, dass wir gemeinsam marschieren.

»Wenn ihr im Krieg in Polen oder in der Ostzone abspringt«, hatte Pockenface ganz locker verkündet, »müsst ihr euch genauso nach Westen durchschlagen wie hier bei uns in dieser Woche. Einzeln. Unerkannt. Ihr bescheißt euch also selbst, wenn ihr gegen die Spielregeln verstoßt. Es ist Freitag. Eure Aufgabe ist es, sich nicht finden und gefangen nehmen zu lassen und spätestens am folgenden Freitag die belgische Grenze illegal überquert zu haben.«

Ich habe nur eine grobe Vorstellung von meiner Position, als ich versuche, mich auf meiner Fliegerkarte im Maßstab 1:500000 zu orientieren. Im gedämpften Schein einer Taschenlampe lese ich Ortsnamen wie Dattenberg, Leubsdorf und Ockenfels. Vor mir sehe ich Lichter, und ich sehe den Rhein. Ich fühle mich hellwach. Entweder muss ich ein Schiff kapern oder über den Rhein schwimmen. Ich entschließe mich zu schwimmen.

An einer Schiffsanlegestelle entwende ich einem dunkel gekleideten Herrn mit Hut und Schirm seinen Hartschalenkoffer. Den Inhalt kippe ich in den Abfallbehälter. Ich komme mir großartig vor. Ich darf das nämlich, hat Pockenface versichert. Der Herr kriegt das Ding natürlich ersetzt. Den leeren Koffer fülle ich mit meiner Unterwäsche, der Lederjacke und Kombi, den Stiefeln sowie dem Zubehör wie Landkarte, Taschenlampe und Kompass.

In den frühen Morgenstunden des zehnten November durchschwimme ich nackt bei gefühlten minus neunzig Grad den Rhein von Ost nach West. Der Koffer mit der Ausrüstung treibt an einem Strick, den ich an einer Baustelle abgeschnitten habe, hinter mir her. Ich fühle mich umzingelt von riesigen Frachtschiffen. Mehrfach meine ich, absaufen zu müssen, wenn die Wellen eines vorbeiziehenden Kahns über mich hinwegschwappen. Die Strecke zum anderen Ufer ist endlos, und der Morgen graut bereits, als ich mich mit klammen Fingern die Böschung hinaufziehe.

Ein Deutscher Offizier kennt keinen Schmerz! Weiter, weiter, so weit die Füße tragen!

»Nachts Strecke überwinden, am Tag Unterschlupf suchen und ruhen. Unsichtbar bleiben«, hat Pockenface uns eingeschärft.

Es geht westwärts, ausschließlich nachts. Tagsüber schlafe ich in Scheunen, verfallenen Gemäuern oder unter Bäumen im Wald. Als Wanderer in der Eifel im Pilotenoutfit fühle ich mich so unauffällig wie ein Papagei auf hoher See. Wie es Gary wohl gehen mag?

Eine Bauernfamilie ist mein nächstes Opfer. Sie arbeiten draußen auf dem Feld und beäugen mich misstrauisch. Ihre Reservekleidung hängt in einer Baumgabel.

In der nächsten Stunde bin ich zum Eifelbauern mutiert. Meine Militärsachen schleppe ich als Bündel mit mir herum. Die Zeit vergeht wie im Flug. Ich überwinde Hügel um Hügel, schlage mich nachts in der

Dämmerung durch abgeerntete Maisfelder und wate an endlosen Waldrändern entlang. Ich ernähre mich von Herbstäpfeln, schöpfe aus Milchkannen, nehme mir belegte Brote aus Hausfluren oder von Traktoren, schneide an einem geklauten Schinken herum. Es riecht nach Pilzen.

Wieder suche ich mir eine Scheune und decke mich mit Heu zu.

»Luwamoprala!«

Meine Grundausbildung fällt mir ein. Wenn wir morgens auf dem offenen Lastwagen zur Geländeausbildung über holprige Wege gekarrt wurden, übte die wiegende Bewegung einen seltsamen Reiz auf unsere Geschlechtsteile aus. Sie versteiften sich.

»Luwamoprala!« Mit dieser Wortschöpfung parodierten wir den Abkürzungs-Tick der Bundeswehr: »Luftwaffenmorgenprachtlatte!«

In Roggendorf verhilft mir meine Drahtschlinge zum Mord an einer Katze, die mich verraten will. Bei Heimbach liebe ich, mutig geworden, eine rothaarige Kellnerin auf der Rückbank ihres Pandas, und wende mich dann des Nachts nach Nordwesten, um der Falle des Rur-Stausees zu entgehen.

Dann höre ich den Hubschrauber. Ein Such-Hubschrauber durchleuchtet mit Scheinwerfern meinen Wald. Ich flüchte auf eine dichte Tanne oder Fichte. Der Scheinwerfer erwischt mich. Gleichzeitig knackt es morsch, und ich rutsche nach unten durch. Der Scheinwerfer folgt mir.

Hilflos schnappe ich nach einem Halt – vergeblich. Zweige zerkratzen mein Gesicht, die Fahrt geht weiter nach unten. Mit der Schulter voraus schlage ich auf dem

Waldboden auf. Schmerz durchzuckt mich. Ich beachte ihn nicht. Ich bin abgelenkt durch die grauenvolle Furcht, entdeckt zu werden.

Der Hubschrauber bleibt kurz über mir stehen, das grelle Licht blendet. Dann schaltet er unvermittelt den Scheinwerfer aus und dreht ab.

Hat er mich nicht bemerkt oder wollte er mich nicht entdecken, wie man so schön sagt? Ich sende ein Stoß- oder Dankgebet zum Himmel. Ich glaub, ich hab es wirklich getan. Der Wald versinkt in Stille. Die Erde fühlt sich feucht und kalt an. Fauliger Geruch mischt sich mit trübseliger Dunkelheit. Ich betaste die Schulter. Ist der Arm gebrochen oder nur gestaucht? Ich habe brennenden Durst.

Nach einer Reihe weiterer Erfahrungen mit Eifelhügeln, nasser Eifelerde, glotzenden Eifelkühen bei Nacht und anderer Pfadfinderatmosphäre reise ich am sechsten Tag gegen 23.00 Uhr illegal nach Belgien ein.

Ich habe mich am Waldrand entlang der Grenze eingenistet und starre nach Westen. Entlang des Grenzstreifens verläuft ein schmaler Weg. Auf dem Weg geht es zu wie vor dem Hauptbahnhof an Weihnachten. Hunderte von deutschen und belgischen Grenzern patrouillieren schwer bewaffnet, um mich zu fangen. Ich warte drei günstige Momente ab. Beim dritten springe ich mit einem wilden Schrei auf, renne einen Grenzer um, beiße seinem Hund in die Schulter und schmeiße mich in voller Länge über die deutsch-belgische Grenze ins Land der Biere, Waffeln und Pralinen wie ein Ertrinkender ans rettende Ufer. Ich habe es geschafft. Ich bin frei!

Einen halben Tagesmarsch weiter, versteckt in einer Mulde hinter stacheligem Strauchwerk, liegt ein würfelförmiges Gebäude. Es strahlt die Düsternis eines leergeräumten Draculaschlosses aus und hat den Charme eines Vampirnests. Alle Türen stehen offen, kein Gast ist zu sehen. Es ist, als hätte eine Neutronenbombe eingeschlagen. Düster ist seine Fassade, düster ist sein Inneres und ebenso düster ist das Handwerk, das in seinen Gemächern verrichtet wird. »Foltern« nennt sich dieses Handwerk, und in dem Würfel in der Mulde ist eine entsprechende Werkstatt eingerichtet. Flackernde Kerzen beleuchten tiefrote Flecken und Spritzer, die wie makabre Kunstwerke an den weißgekalkten Wänden kleben. Der Ostblock verfügt über viele Spezialisten, die im Kriegsfall Geheimnisse aus ihren gefangenen Landsleuten herauspressen sollen – Polen, Tschechen, Bulgaren, Rumänen, Russen.

Wir sind ihre Versuchskaninchen.

»Wie heißen Sie? Wie ist Ihre Personenkennziffer? Ihr Dienstgrad? Was war Ihr Auftrag? Welches waren Ihre Angriffsziele? Wie viele Piloten zählt Ihre Staffel? Wie heißt Ihr Kommandeur? Wo war Ihr Treffpunkt?« Das sind ihre Fragen.

Noch in derselben Nacht frisst sich der Frost in die Borken der Fichten und der Kiefern, und es beginnt zu schneien. 13 der 18 Piloten wurden aufgegriffen. Ein Amerikaner ist überfällig. Er gilt als vermisst. Vier kamen durch: der zweite Amerikaner, ein Türke, ein Belgier und ich. Zur Belohnung dürfen wir dabei sein, wenn unsere Kameraden gefoltert werden.

Flimmerndes, blendendes Weiß liegt in der Luft. Hier und da löst sich von den Bäumen – wenn eine Krähe abhebt oder wenn das Schneegewicht zu groß wird – eine durchsichtige kristalline Schneegestalt und tanzt glitzernd neben dem Fass zu Boden.

In dem Fass steht ein kanadischer Starfighterpilot. Er ist nackt und zittert. Seine Lippen sind blau, die Augen schreckgeweitet. Seit der Morgen graut, steht er im Eiswasser. Ihm kommt es sicher wie Stunden vor.

»Wie heißen Sie? Wo sind Sie stationiert? Was waren Ihre Ziele?«

Der Norweger daneben, auf eine Bank gefesselt, erlebt gerade die Renaissance der Waterboarding-Folter seit der spanischen Inquisition und dem Vietnamkrieg. Über Mund und Nase ist ein Handtuch gebreitet, auf das beständig Wasser geträufelt wird. Der Kopf ist tiefer gelegt, um ein tatsächliches Ertrinken zu verhindern. Möglich, dass in dieser Stunde Guantánamo* geboren wird. Realität und Fiktion verschwimmen.

Gary Bullitt stellen sie gefesselt in einen Blechspind, der ihm bis zur Schulter reicht. In Höhe seiner Kniekehlen ist ein scharfkantiges Blech eingeschweißt, das sich schon nach kurzer Zeit unbarmherzig ins Fleisch einkerbt.

»Asshole!«, spuckt Gary dem Henker ins Gesicht. Immer die gleichen Fragen nach Name, Geschwader, Angriffsziel. Dann das Versprechen. »Sie werden frei sein! Wollen sie eine Zigarette? Oder einen Kognak?«

»Asshole!«

---

* Waterboarding wurde auf der Gefängnisinsel Guantánamo von den Amerikanern beim Verhör Terrorverdächtiger angewendet.

Der Henker hämmert einen Knüppel mit kurzen, kräftigen Hieben gegen das Blech. »Wie heißen Sie, mein Freund? Welchen Dienstgrad haben Sie?«
»Asshole!«
Beim zweiten Asshole rammt er den Spind um. Ein verhaltener Schmerzenslaut von drinnen. Gary muss auf das Gesicht gefallen sein.
Weitere Prügelhiebe auf das dröhnende Blech.
»Roger Payne heiße ich!«
Der Henker stoppt.
»Roger Payne!«
»Schön, weiter! Welchen Dienstgrad haben Sie?«
»Asshole!«
Wie ein Spielzeug wuchtet der Henker den Spind samt Gary herum und stellt ihn auf den Kopf. Dicke Beulen, ein paar Sprünge in der Außenhaut.
Nach Stunden öffnen sie die verzogene Schranktür mit dem Brecheisen. Ein schlaffer, entnervter Körper fällt ihnen entgegen.
»Assholes!« ist alles, was er preisgibt.
Es war Stoff für einen Thriller: Eine Survival-Übung im Eifelland 1964, eine Zeitzeugengeschichte.

Victor Lakota

Die Sache mit Victor geht mir nicht mehr aus dem Kopf. Ich kann mich nicht erinnern, je einen Menschen mit unglücklicheren Augen gesehen zu haben – und einen abgestürzteren noch dazu. Das, was er mir vom Tod seiner Frau erzählte, hat mich neugierig gemacht. Vergewaltigt und vom Dach in den Tod gesprungen soll sie sein. Mit 37 Jahren.

Victor Lakota ist heute um die siebzig. Wenn ich unterstelle, dass seine Frau fünf Jahre jünger war als er, wäre sie heute 65. Dann hätte er sie ungefähr 1983 zu Grabe getragen.

Ich rufe also aus dem Hotel Müggelsee in Köpenick meinen Spezl in der Polizeidirektion Rosenheim an, den Polizeisprecher, und erkläre ihm den Hintergrund, den er wissen muss, um tätig werden zu können.

»Karl«, bitte ich ihn, »die Frau eines Freundes wurde vergewaltigt und hat anschließend den Freitod gewählt. Könntest du für mich herausfinden, was sich Anfang der Achtzigerjahre in ... äh, äh, ... in ...«

Welch ein Flop! Wo hatte Victor zu jener Zeit gelebt? War er zu dieser Zeit noch beim Geschwader? Wieso hatte ich das nicht schon vor meinem Anruf bedacht? Nähere ich mich allmählich dem Alzheimer-Syndrom? Nicht auszudenken!

Karl lacht. »Keine Angst«, besänftigt er mich. »Wenn du mir noch ein paar weitere Details geben kannst, finde ich das für dich heraus. Wir haben da ein modernes bundesweites Verbrechenssuchsystem bei der Polizei, das funktioniert so ähnlich wie Google. Du schiebst vorn die Frage rein, und hinten kommt die Antwort raus.«

Pause. Ich denke schon, die Leitung sei unterbrochen. Doch ich höre etwas rascheln.

»Ich melde mich wieder«, sagt er und legt auf.

Victor, so war mein Eindruck, könnte sich gut zum Geschichtenerzähler eignen. Während er sich mit seinem Gegenüber unterhält, erfindet er mitten im Sprechen eine Geschichte, zum Beispiel die von der missbrauchten Ehefrau. Ich habe da einen Verdacht und ich möchte wissen, ob seine Geschichte stimmt, bevor ich wieder mit ihm zusammentreffe.

Nachdenklich halte ich die Geschäftskarte mit dem Knick in der rechten oberen Ecke in der Hand. Das Krankenhaus in Köpenick. Bevor ich dort anrufe, möchte ich möglichst ein Ergebnis von Karl haben.

Erwin, Victors Hund, hat entweder den Knick bemerkt oder er ist scharf auf die Karte. Sein schmaler, eleganter Kopf saust nach vorn und entreißt mir das Ding. In allerletzter Sekunde kann ich verhindern, dass es in seinem Maul verschwindet.

Erwin ist empört und zieht sich schmollend zurück.

Ich bitte das dunkelhäutige Zimmermädchen, ein paar Stunden auf Erwin aufzupassen.

Sie kreischt. »Det Vieh frisst mir doch jlatt!«

Also bleibt der Hund allein. Die paar Stunden wird er's schon schaffen. An der Rezeption gebe ich vorsichtshalber Bescheid und hinterlasse einen Sack voll Kaustangen, eine Zweilitertüte Milch und eine geladene Pistole. Dann schließe ich mich den anderen an. Wir wollen die Luftfahrtausstellung besuchen.

Wir kommen zu einem riesengroßen Flugfeld, das zu begehen man Kondition und gesunde Füße braucht. Die Luftfahrtausstellung ist eine High Tech-Veranstaltung, die es nichtsdestoweniger schon seit hundert Jahren gibt. 300 Fluggeräte, über 1000 Aussteller, mehr als eine Viertelmillion Besucher. Fast 30 Grad im Schatten.

»Alles nicht mehr so wie früher«, schimpft Franz Schnell leise. Er schwitzt. »Keine g'scheiten Kunstflugteams mehr, keine Airshows.«

Na ja. Die britischen *Red Arrows* wollten kommen, haben aber abgesagt. Zu rigide Sicherheitsvorschriften, ist ihre offizielle Begründung.

Kaum hat er ausgeredet, wird es laut. Die *Patrouille Suisse* hebt ab.

»Oh«, stöhnt da der Franz. »Da schau her! Es gibt sie also doch noch ...«

Vier F-5 schreiben jene Figuren in den hellblauen Himmel, von denen wir wenige Stunden zuvor gesprochen haben. Wie die Götter turnen sie da oben rum.

Kommen uns die Tränen? Jawohl, dem einen oder anderen kommen die Tränen. Warum eigentlich? Ist es Nostalgie, Heimweh? Vermissen wir die Fliegerei? Oder sind wir einfach alte Männer geworden, denen alles Schöne die Tränen in die Augen treibt, die deutlich spüren, wie ihnen die Zeit unter den Fingern zerrinnt?

Wir traben ziemlich vereinzelt und nachdenklich über den Platz. Deutschland ist mit Tornado, F4 und Eurofighter vertreten. Die Franzosen haben ihr alte

Mirage aufgestellt, die Italiener sind ferngeblieben. Am besten präsentieren sich noch die Schweizer, die neben ihrer Patrouille auch noch mit einer F-18 eine Solo-Flugvorführung machen, dicht gefolgt vom Eurofighter der Deutschen.

Die Auftragsbücher der Flugzeugindustrie sind voll.

Ich hänge gerade unter der linken Fläche einer gigantischen alten B-52 – Vietnam lässt grüßen –, als es in meiner Hosentasche heftig bebt. Mein Handy meldet sich.

Karl ist dran. Ich höre ihn keuchen. »Ich hab alles abgesucht wegen der Vergewaltigung. 1981 bis 85. Reichlich Vergewaltigungen in unserem schönen Land, aber nicht unter dem Namen von deinem Spezl seiner Frau. Auch keine Dachabstürze, Dachabrutsche oder sonstige Dachunfälle mit Todesfolge. Sitzt du?«

O je. Wenn er mich schon so fragt.

»Dann hab ich ihn selbst mal gecheckt, den Herrn Lakota – sag mal, sitzt du wirklich?«

Ist Victor ein Mörder? Ein Waffenschmuggler? Ein Hochstapler? Oder ist er auffällig geworden, weil er keinen einzigen Eintrag in Flensburg hat?

»Dein Mann war nie verheiratet. Er war einige Jahre im Ausland, nach unserer Kenntnis in Südamerika. Aber das war erst in den späten Neunzigern. Und – er ist vorbestraft.«

Ich klammere mich an das Fahrgestell der B-52. Die Reifen sind höher als ich. Fluglärm um mich herum. Kleine Rinnsale haben sich unter meinen Achseln gebildet. Ich bin so blass geworden , dass Franz herbeieilt.

»Ist dir nicht gut? Hast du Heimweh? Brauchst du ein Bier?«

Ein Bier? Nein, einen doppelten Schnaps hätte ich gebraucht – mindestens.

Doch Karl ist immer noch dran. Wie ein Verschwörer lege ich die hohle Hand ums Handy und senke die Stimme, so weit es geht.

»Vorbestraft?«, frage ich leise. »Weswegen?«

»Das, mein Freund, darf ich dir nicht sagen. Spielt es denn eine Rolle?«

Nein, es spielt keine Rolle. Bin ich meines Freundes Hüter? Mir kommt jedoch ein schrecklicher Gedanke. Wäre es möglich, dass Victor gar nicht Victor ist? Nicht der jedenfalls, den wir von früher kennen? War der Schwächeanfall im Fernsehraum echt? Oder hat er sich unauffällig absetzen wollen? Ist er überhaupt je im Krankenhaus angekommen? Oder war auch diese ganze Sache nur getürkt?

»Krankenhaus Köpenick, Schwester Irmingard. Was kann ich für Sie tun?«

Haben sie denn alle am gleichen Kundenerfreuungsseminar teilgenommen? Mein Versicherungsagent, der Reifenhändler, der Buchhändler, das Zoofachgeschäft, die Finanzverwaltung, die Justizvollzugsanstalt (»Was können wir für Sie tun?«). Wenn ich mein Haus verkaufen möchte, beim Zwerglabradorzüchter in den Hügeln um Cham im Bayerischen Wald anfrage – »Was kann ich für Sie tun?« Und jetzt sogar das Krankenhaus. Von wegen Servicewüste Deutschland!

Ich nenne Schwester Irmingard mein Anliegen. Nach einer Weile meldet sie sich wieder.

»Victor? Wir haben keinen Victor.«

Oh, oh! Das gibt es nicht! Victor ist nicht verheiratet. Victor ist vorbestraft. Nun ist Victor auch nicht im

Krankenhaus. Eine vage Chance bleibt mir immerhin noch, dämmert es mir.

»Ich habe nach Victor Lakota gefragt«, wende ich sanft ein. »Victor ist der Vorname.«

Kurze Pause.

»Ach ja. Da haben wir einen. Lakota. Der ist auf der Intensiv.«

Na bitte.

»Prima«, erkläre ich erfreut. »Was hat er denn? Was fehlt meinem Freund?«

Es folgt eine Pause so lang, dass ich ein Krankenbett hundert Meter weit hätte schieben können.

»Mein Herr«, spricht Irmingard.

O je!

»Sie sind der Erste, der je angerufen hat und sich darüber freut, dass sein Freund auf der Intensiv liegt. Und was Herr Lakota hat, das darf ich Ihnen wahrhaftig nicht verraten.«

»Ich freue mich doch gar nicht. Im Gegenteil. Ich bin erschüttert. Und könnten Sie nicht einmal ...«

Eine Ausnahme machen, will ich sagen. Doch die Schwester ist schneller.

»Sie haben ›prima‹ gesagt. Und was ist ›prima‹ anders als freuen? Hä?«

»Ein Hund ist ein Tier, das sich freut, wenn ihm was vorgeworfen wird«, heißt ein Zitat. Ich bringe Erwin einen solchen Vorwurf mit – einen runden Hundekeks, so groß wie ein Klodeckel.

Bei meiner Rückkehr hat er sich gefreut, als käme ich gerade von einer Weltumsegelung zurück. Er hat einen Luftsprung vollführt, mich schwanzwedelnd umkreist und schließlich angesprungen und mit Krakenarmen umschlossen. Ich sehe ihm an, dass er mein Gesicht mit seiner Zunge waschen will, und drehe den Kopf zur Seite. Da nimmt er eine Hand ins Maul und kaut zärtlich und weich auf ihr herum. Es ist eines der schönsten Gefühle, die man als Handbesitzer haben kann.

Der Klodeckel wird im Übrigen sogleich unter heftigem Krachen, Schmatzen und Ächzen vertilgt.

Später an der Bar bei einem Glas Tee – mit dem Hund im Schlepptau – überbringe ich meinen Alt-Starfightern die Kunde von unserem Gefährten Victor. Nur die medizinische, nicht die kriminalistische. Seine Vorstrafe verschweige ich.

»Den müssen wir besuchen.«
»Intensivstation. Da geht kein Besuch.«
»Hat er Verwandte?«
»Was machen wir?«

Irgendwann verebbt die Sorge um Victor Lakota. Neue Gespräche kommen in Gang. Victor ist nicht vergessen. Nur kurz zur Seite gelegt.

Marineflieger

Auch Marinestarfighterflieger sind bei unserem Cactus Starfighter-Treffen dabei. Damals in unserer aktiven Zeit hatten wir uns bei der Luftwaffe wenig Gedanken über die Lords gemacht.

Soldaten des Heeres. Herren der Luftwaffe. Lords der Marine. Das Heer trinkt Korn. Die Luftwaffe Gin Tonic. Marine Champagner.

Es gab zwei Marinekampfgeschwader, natürlich beide in Schleswig-Holstein stationiert, und beide mit F-104G ausgestattet. Nicht dass wir geglaubt hätten, ihre Piloten irrten nur über den Meeren herum und vergnügten sich mit dem Flugzeug. Genau wie wir hatten auch sie Einsätze als Jagdbomber und Aufklärer zu fliegen. Nicht wenige ihrer Piloten hatten zwei- und dreitausend Flugstunden auf dem Bock. Ihre wunderbare Show-Formation *Vikings* erwies sich als wahrer Publikumsmagnet. Auf vielen Flugtagen waren die vier *Vikings* mit ihren blau-weiß-rot – den Farben Schleswig-Holsteins – gespritzten Starfightern gern gesehene Gäste. Während einer USA-Rundreise beeindruckten sie beispielsweise bei einer Flugschau in Moffett Field bei San Francisco mehrere hunderttausend Zuschauer. In den wenigen Jahren ihres Bestehens vertraten sie die Marineflieger und die Bundeswehr in würdiger Form, das Verständnis der Bevölkerung für die Militärfliegerei wurde durch sie erweitert, das Image des Starfighters nach vielen Jahren der Fehleinschätzung verbessert.

Auch bei unseren Marinefliegern gab es leider dem Trend entsprechend zahlreiche Unfälle. Allein sieben Totalcrashs – einige davon tödlich – waren es zwischen 1965 und 1968. Die Ursachen waren technischer Natur: offene Schubdüse, asymmetrische Landeklappen und vor allem Triebwerksausfall. Weitere sieben Starfighter gingen im gleichen Zeitraum nach Abstürzen wegen räumlicher Desorientierung, Vogelschlag und wegen Wasserberührung verloren.

Vogelschlag und Wasserberührung – das sind die typischen Unfallursachen über See. »Kommt ein Vogerl geflogen« ... da kannst du in einem tieffliegenden Jet wenig machen. An Major Kobalskis Beispiel haben wir das erkennen müssen. Aber Wasserberührung? Ist man da nicht selbst schuld?

Ja und nein.

Machen wir einen Feldversuch. Stellen Sie sich vor, Sie stehen am Ufer eines Badesees und schauen Ihrem Hund beim Schwimmen zu. Erwin hat einen Stock im Maul. Sie haben diesen Stock zuvor so weit Sie können hinausgeschleudert. Erwin ist ins Wasser geplatscht und hat sich den Stock geholt. Nun wedelt er unter Wasser mit dem Schwanz und will das Holzstück wieder ans Ufer bringen.

Wie weit ist Ihr Hund von Ihnen entfernt?

Wie weit ist es bis zum anderen Ufer?

Sie kennen vermutlich dieses Spielchen. In unserem Fall glauben Sie vielleicht, Erwin sei 30, 40 Meter weit draußen. In Wirklichkeit sind's aber über 50 oder 60

Meter. Und die Entfernung zum anderen Ufer beträgt nicht 400 Meter, sondern der Badesee ist fast einen Kilometer breit.

Über Wasser schätzt man Entfernungen immer kürzer, als sie in Wahrheit sind. Das hängt mit der Lichtbrechung im Medium Wasser zusammen, mit der Dichte des Wassers und damit, dass wir nicht im Wasser leben und uns die Erfahrung fehlt – ein einfach zu erklärendes Phänomen.

Stellen Sie sich nun vor, Sie sitzen in einem Düsenjäger, die linke Hand am Gashebel, die rechte am Steuerknüppel. Sie jagen mit 750 oder 800 Stundenkilometern über die schaumgekrönten Wellen des Badesees hinweg und orientieren sich mit den Augen in Flugrichtung. Glauben Sie mir, Sie können nicht einschätzen, wie hoch Sie sind, wie viele Meter Abstand Sie über dem Wasser halten. Sind es zehn Meter oder zwanzig? Nein, nach dem gleichen Prinzip wie beim Entfernungsschätzen sind es tatsächlich nur fünf oder sechs Meter. Freilich, Sie haben einen Radarhöhenmesser am Instrumentenbrett, der Ihnen Ihre Flughöhe anzeigt. Doch in dieser Höhe und mit dieser Geschwindigkeit haben Sie keine Zeit, ständig die Augen abzuwenden und auf die Zeiger zu schauen. Ihr Blick ist ausschließlich nach draußen gerichtet.

Folgen Sie mir ins Cockpit des Oberleutnants zur See Hans-Christoph Maldenburger. Dieser hat einen Aufklärungsauftrag mit seiner RF-104G* in der Ostsee. Die Flugzeugnase ist vollgepackt mit Kameras, die nach

---

* R=Reconnaissance. Es handelt sich also um die Aufklärerversion des Starfighters.

allen Seiten fotografieren können: nach schräg links unten, schräg rechts unten, nach vorn und senkrecht nach unten. Zusätzlich läuft bei Bedarf eine Panoramakamera mit. Zwei Treibstoffzusatztanks an den Flügelenden verlängern die Flugdauer im Tiefflug auf eine Stunde und vierzig Minuten. Es ist Mittwoch, der 18. September 1968.

54 Grad 19 Minuten nördlicher Breite, 11 Grad 27 Minuten östlicher Länge. Oberleutnant Maldenburger ist mit seinem Starfighter vom Marinefliegerhorst Eggebek südlich Flensburg aus gestartet. Die Wolkenuntergrenze in Schleswig-Holstein lag bei 1200 Fuß, Sicht fünf Kilometer, es herrschte leichter Dunst.

Er befindet sich in der Kieler Bucht, Kurs 007 Grad, also grob Nord. Er fliegt allein. Die Sicht wird besser, die Bewölkung bricht auf. Droben im Kattegat, ziemlich genau zwischen Dänemark und Schweden, übt ein Schnellbootverband der NATO zusammen mit der Fregatte *Emden* der deutschen Bundesmarine. Diese Ansammlung von Schiffen hat Maldenburger zum Ziel. Gleichzeitig werden die Boote die Gelegenheit nutzen, ihre Flugabwehr auf die Probe zu stellen.

Zwischen Wolkenfetzen blitzt blauer Himmel hindurch, das Wetter sieht gut aus.

Wenig später steigt der Pilot auf 2000 Fuß, die Mindestflughöhe über dänischem Boden. Die Insel Lolland lässt er rechts liegen. Deren Nachbarinsel Fünen mit der einzig größeren Stadt Odense ist ein einziges Grün, obwohl es schon Herbst geworden ist. Diese grüne Fläche wird unterbrochen von gelben Fäden, den Sträßchen, und den weißen und manchmal bunten Punkten der Ortschaften und der Einzelgehöfte unter ihm. Er überquert die zweispurige Autobahn, die das Festland mit der Hauptstadt Kopenhagen verbindet, in einiger Entfernung vor ihm breitet sich wieder das Wasser der Ostsee aus. Bei 420 Knoten Fluggeschwindigkeit ist Fünen rasch überwunden.

Im Bordradar kann Maldenburger im Norden schon die Insel Nordby erkennen, die er nicht überfliegen will. Kurz nur schaltet er den Autopiloten ein, um seine Position mit der Karte zu vergleichen, die er vor dem Flug aufs Kniebrett geklemmt hat. Stimmt exakt! Maldenburger nickt zufrieden, schaltet den Autopiloten wieder aus und leitet den Sinkflug ein. Er will hinunter in den Tiefflug über die Ostsee und simuliert damit, ohne dass es ihm in diesem Augenblick bewusst wäre, das Unterfliegen der gegnerischen Radarüberwachung im Ernstfall. Die Schaumkronen tanzen wilder auf den Wellenspitzen, die See ist grauer geworden.

Sein Radar streift Aarhus im Westen und schwenkt nach Norden. Gut achtzig Meilen vor ihm liegt Anholt, die dänische Ferieninsel zwischen Jütland und Südschweden, mitten im Kattegat. Mit einem eleganten Rechtsschwenk hat er sein Flugzeug hinunter auf 250 Fuß befördert – plus oder minus X. So halten es alle, auch wenn 250 Fuß die vorgeschriebene Mindestflughöhe ist. Er rast über die Wellen, es ist ein berauschendes Gefühl. Etwas holprig ist es heute, Turbulenzen liegen in der Luft, es ist, als ob er mit Wasserskiern über die Wellen unter ihm brettern würde. Er meint, bis auf den Grund des Meers sehen zu können.

Ab und zu ein Blick aufs Radar. Irgendwo da vorn muss sich der Schiffsverband aufhalten. Das Auge des

Radars blickt weiter als menschliche Augen und durchdringt jeden Dunst, jede Wolke. Die Sicht hat sich wieder eingetrübt. Maldenburger kurvt leicht nach rechts, um das Bild besser einzufangen. Und richtig! Da vorn ist etwas.

Nun hat er Anholt auf dem Radar, ein Inselchen nur, vielleicht drei Kilometer breit. Und westlich davon die Ballung winziger schwarzer Flecken. Das müssen die Schiffe sein. Der Oberleutnant duckt sich in den Sitz, presst den Knüppel leicht nach vorn und verliert weiter an Höhe. 140 Fuß zeigt der Höhenmesser an, weiter sinkend.

Er stellt sich vor, dass er sich tatsächlich anschleichen muss, ohne vom Verband entdeckt zu werden. Sieben Meilen pro Minute, in sieben Minuten hat er die Kähne direkt vor der Nase. Das Wetter hat ein wenig aufgeklart, die Sicht ist besser. Sechs Schnellboote und die Fregatte, soweit er erkennen kann. Maldenburger geht »an Deck«, wie sie es nennen in der Seefliegerei. Also ganz weit runter. Er kurvt nach links, um sich an der Kette der Schnellboote entlang an die Fregatte anzuschleichen. Um Aufnahmen aus der Vogelperspektive zu machen, wird er sie nicht überfliegen. Er wird tief über dem Wasser entlang dem Schiffsrumpf fliegen, ganz kurz hochzucken, um mit der Schräg-Geneigt-Kamera zu fotografieren, dann wenige Fuß höher gehen, um die Fregatte zu packen. Dann wieder den Schwanz einziehen und abhauen. Mission completed.

Scheiße, schlägt es in seinem Gehirn ein. Nun haben sie ihn doch erwischt. Die Lichtkanonen fast aller Schnellboote zielen auf ihn. Er fliegt direkt in das Stakkato ihres Blinkens hinein. Jedes Blinken ein Schuss.

Abendrot.

87: Abschied vom Starfighter beim JaboG 34, Memmingen.

tischer Blick auf den Leser.

e sogenannte Starfighter-Affäre war dem Nachrichtenmagazin DER
IEGEL 1966 eine Titelseite wert.

... den Piloten eine normale Übung, für den Betrachter ein spektakulärer ...blick: der Starfighter in Rückenlage.

ßvater und Enkel – Starfighter und Tornado.

Himmelwärts – mit zunehmender Flughöhe wird der Himmel immer dunkler.

Wären es reale Flugabwehrgeschütze, wäre er jetzt ein toter Mann. Wie elektrisiert presst er sich eng in den Sitz, glühend, ein Bündel heißer Kupferdrähte.

Noch weiter runter! Mit einer heftigen Bewegung wirft er den Starfighter nach rechts, um die Schnellboote zu umfliegen und von der anderen Seite anzugreifen. Fast im Messerflug liegt er in der Luft, die kurzen Flächen stehen senkrecht zum Wasserspiegel. Wenn Maldenburger aus dem Cockpit schaut, sieht er nichts als Wasser in einer Farbmischung zwischen stahlblau und grau und dicken, fetten weißen Schaum. Dass das Wasser immer näher kommt, während er kurvt, immer näher, Zentimeter für Zentimeter, das merkt er nicht.

Als er es merkt, ist es zu spät. Der Tank an der rechten Flügelspitze berührt das Wasser. Bei 420 Knoten Geschwindigkeit ist das, als würde ein Auto mit 200 Stundenkilometern frontal gegen Beton prallen. Der torpedoförmige Tank reißt das gesamte Flugzeug mit in den Tod. Wie ein Kiesel, den man auf die Wasseroberfläche wirft, prallt der Starfighter auf der Oberfläche auf. Ein paar Teile werden nach und nach abgerissen – die Stummelflügel mit dem schwarzen Balkenkreuz an der Unterseite, das Höhenleitwerk, die Nase mit den Kameras, der hintere Teil des Triebwerks, selbst das Kabinendach. Nur der Hauptrumpf bleibt zunächst intakt. Das alles geschieht in unbeschreiblichem Tempo.

Drei Mann der Besatzung eines Schnellboots, die sich auf dem Oberdeck aufhalten, staunen nicht schlecht, als die Einzelteile eines Flugzeugs unter hohem Summen, Pfeifen und Zischen wenige Meter an ihnen vorbeifliegen. Sie wollen sofort Alarm auslösen, doch das hat ihr

Chef, ein Kapitänleutnant, der das Unglück kommen sah, längst erledigt.

Es gibt keine sichtbare Explosion. Die Reste des von der Wucht des Aufschlags zerschmetterten Starfighters sinken rasch in Richtung Meeresgrund. Lassen Luft ab, machen »Blubb!« und sind verschwunden.

Oberleutnant Hans-Christoph Maldenburger hatte keine Chance, sich herauszuschießen. Allerhöchstens einen Sekundenbruchteil lang mag er das, was um ihn herum geschah, wahrgenommen haben. Er starb mit schreckgeweiteten Augen, angeschnallt in seinem Schleudersitz.

Der anfangs eingebaute C-2 Schleudersitz von Lockheed ließ dem Piloten bei geringer Höhe kaum eine Überlebenschance und verursachte manchen tödlichen Unfall. Er wurde später gegen den funktionssicheren Martin-Baker-Sitz ausgetauscht.

Senior Pilot

»Soll ich euch einen Kommentar aus dem Bundesreisekostengesetz zitieren?«, versuchte ich einen Scherz im Hotel Müggelsee. Die Stimmung war gedämpft. »Vollkommen ernsthaft heißt es dort: ›Stirbt ein Bediensteter während einer Dienstreise, so ist damit die Dienstreise beendet.‹ Und war nicht jeder Flug eine Dienstreise?«

Ich gluckste leise vor mich hin, während ich noch sprach. Aber ich war wohl der Einzige, der das Zitat lustig fand. Keiner sonst verzog eine Miene. Also zauberte ich ein weiteres aus dem Ärmel.

»An anderer Stelle heißt es: ›Der Tod stellt aus versorgungsrechtlicher Sicht die stärkste Form der Dienstunfähigkeit dar.‹«

Jetzt prustete ich heraus vor Lachen. Ich schloss die Augen und hätte beinahe mein Bier verschüttet.

Als ich die Augen wieder öffnete, starrten sie mich mit solch offener Verständnislosigkeit an, dass es mir vorkam, als hätten sie mich mit heruntergelassener Hose erwischt. Außer mir lachte keiner. Die meisten verzogen das Gesicht oder blinzelten verlegen zur Decke. Es herrschte eine Stimmung wie in einer Aussegnungshalle.

»Das war das Blödeste damals in der Zeit der vielen Flugunfälle«, versuchte ich das Thema zu wechseln.

»Wir wussten doch alle nicht, wenn wir in der Früh aus dem Haus gingen, ob wir abends wieder normal nach Haus kommen würden. Die Starfighterei war eine eindrucksvolle, tolle Zeit. Aber wenn etwas schief ging, ging es rasend schnell. Der Maldenburger hatte um zwölf Uhr mittags keine Ahnung, dass er um drei schon nicht mehr leben würde.«

»Na ja«, widersprach einer. Ein misstrauisch-schamhaftes Lächeln umspielte seine Lippen. »Das weiß der Trucker auch nicht und der Formel 1-Pilot, ob er von seiner Fahrt lebendig heimkehrt. Es ist halt sein Beruf.«

»Stimmt. Doch der ist kalkulierbarer als der des Flugzeugführers jener Zeit. Auch für die Angehörigen.«

Es war vollkommen normal, dass sich die Gespräche von uns alten Herren im Hotel Müggelsee oft – nicht ausschließlich – um frühere Ereignisse drehten. Wir standen dabei auch nicht etwa ständig an der Bar. Es gab schließlich ein von Horst Wilhelms sorgfältig ausgearbeitetes Tagesprogramm. Am Samstag war's eine Fahrt mit dem Schiff durch Berlin, vorbei an den vielen Sehenswürdigkeiten unserer Hauptstadt. Gigantisch, was sich in den zwei Jahren seit unserem letzten Treffen alles getan hatte. Ostberlin sah viel besser, moderner, gepflegter, interessanter aus als das, was einmal Westberlin gewesen war. Irgendein Politiker hatte in letzter Zeit einmal gefordert, den Spieß umzudrehen und den Soli für den Westen einzuführen. In Berlin konnte man vielleicht am leichtesten erkennen, dass er so unrecht gar nicht hat.

Im Hinterkopf spukte bei uns allen Victor Lakota herum. Was wohl bei seinem Krankenhausbesuch herauskommen würde?

Wir erfuhren es, als kurz nach Passieren der Anlegestelle Nikolaiviertel mein Handy summte.

»Krankenhaus Köpenick, Schwester Irmingard, spreche ich mit Herrn Loy?«

Ich war wie elektrisiert, obwohl mich Victor Lakota ja eigentlich nichts anging. Hatte er keine Verwandten oder Freunde, die sich um ihn kümmern konnten?

»Eigentlich darf ich Ihnen das gar nicht sagen ...« Klar, dass sie mit jener Floskel begann, die man immer verwendet, wenn man ein Geheimnis ausplaudert.

Jedenfalls stellte sich heraus, dass Victor an einer Thrombose litt. Ein Blutpfropfen hatte sich im Bein gebildet und war nordwärts gewandert, unentschlossen ob in Richtung Herz oder Lunge. Das war ein gefundenes Fressen für jeden gebildeten Internisten. Mit Infusionen und anderen Leckerchen hielt man Victors Körper auf Trab.

»Er hat so komische Prellungen in der Kniekehle, sagt der Arzt«, fuhr die Schwester fort. »Richtig blaue Flecken. Ausgewachsene Hämatome. Keiner weiß, was dahintersteckt. Wissen Sie, woher das kommt?«

Nein, konnte ich mir nicht vorstellen, woher die Prellungen kamen. Wie und woher auch?

»Kann man ihn besuchen?«, fragte ich die Schwester. Im Hinterkopf spukte verschwommen die Idee, einen Bus zu organisieren, in dem wir alle für den Besuch in der Klinik Platz hatten.

»Um Gottes willen, dafür ist es zu früh.« Schwester Irmingard räusperte sich zweimal und beendete das Gespräch. »Na, nun wissen Sie ja Bescheid.«

Ja, das wusste ich. Ich verbreitete die Kunde unter den mitfahrenden Cactus Starfightern und war gerade damit fertig, als das Schiff an der Endstation Reichstagsufer anlegte.

»Hey, y'all!«

Ich blickte auf, während wir aus dem Schiff über den Steg an Land marschierten. Dort stand ein Silberhaar, breitbeinig und gekleidet wie ein pensionierter Barkeeper: helle Chinohosen mit Bundfalten, schwarzes Poloshirt mit Starfighter-Emblem auf der linken Brustseite, braune elegante Schuhe. Ist das nicht ...

»Wolfgang!«, rief ich hinauf.

»Czaia!«, ein anderer.

Wolfgang Czaia also. Wohnhaft in den USA, nunmehr leibhaftig anwesend bei den Cactus Fliegern 2010.

Czaia wurde mit einer Männerumarmung begrüßt oder per Handschlag. Es war wie die Heimkehr eines Familienmitglieds. Es gab kein Fremdeln, man war gleich bei der Sache, und er war hiermit aufgenommen im Kreis der Anwesenden.

Meine Gedanken wanderten eine Weile zurück. Ich hatte an einem Projekt für die Generation 50Plus gearbeitet, eine Art Werbe- und PR-Arbeit. Wolfgang Czaia hatte auf seine Weise mitgewirkt. Es mag nun vier oder fünf Jahre her sein. Der Text meiner Arbeit hatte ungefähr wie folgt gelautet:

Lassen Sie sich nicht den Wert Ihres gelebten Lebens durch Falten, graue Haare oder das Datum Ihrer Geburt auslöschen.
Hören Sie auf, immer nur von der Vergangenheit zu berichten.
Fangen Sie ruhig mit zweiundfünfzig oder siebenundfünfzig einen neuen Beruf an. Es geht!

Und hören Sie auf, Kalorien zu zählen. Joggen Sie nur, wenn Sie sich hinterher besser fühlen. Gehen Sie nur ins Fitnessstudio, wenn Sie danach nicht ausgelaugt sind. Bloß nix erzwingen. Nur wer's lustvoll findet, für den wird diese Anstrengung glücklicher Alltag. Überlassen Sie das Körnerfressen der Jugend, leisten Sie sich ab und zu Eier mit Speck, wenn Sie mögen. Rennen Sie nicht gleich zum Arzt, wenn's kneift. Kratzen Sie alles an Übermut zusammen, was noch in Ihnen steckt. Ich meine nicht Leichtsinn, nein, kontrollierten Übermut. Lernen Sie, ungesund zu leben, wenn es Ihnen Freude bereitet. So übermäßig lang muss die Leber ja eh nicht mehr halten. Beweis: Sehen Sie sich die Gesichter von Mick Jagger und Keith Richards von den Rolling Stones an. Beide weit über sechzig. Doch all die Furchen wie in morschen Stein gemeißelt, oder? Das Leben der beiden Burschen ist ganz bestimmt keine feste Burg gewesen. Was die gesoffen haben! Und ihre Körper nur recht einseitig ertüchtigt. Aber fröhlich wirken sie, die Jungs. Verbraucht, doch überhaupt nicht veteranenhaft.
Machen Sie den Mund auf und beschweren Sie sich! Schlechtes Essen im Restaurant und nachlässige Bedienung im Supermarkt verlangen nicht nach Demut, sondern nach Kritik. Begegnen Sie der Unprofessionalität und dem Dilettantismus, die sich immer mehr einschleichen da draußen. Seien Sie ruhig mal rücksichtslos und erzwingen die Vorfahrt, im Leben wie auf der Straße. Haben Sie früher doch auch getan, oder?
Schleichen Sie nicht wie ein Trottel über die Autobahn. Geben Sie wenigstens ein bisschen Gas, wie im richtigen Leben auch (und nehmen Sie Ihren Hut dabei ab). Streifen Sie innerlich Ihre Blue Jeans über.

Pflanzen Sie einen Baum.
Gehen Sie an die Börse oder in die Spielbank. Meiden Sie nicht jedes Risiko, suchen Sie es. Sie müssen es ja nicht gleich herausfordern und in den Alligatorteich springen, aber so ein bisserl Risiko und Nervenkitzel hält Sie auf Trab. Sie werden sich toll fühlen, vor allem wenn's vorbei ist.
Wenn Sie hinter jedem Laster herschimpfen, der Ihnen in den Weg gerät oder über die Verspätung Ihres Zugs, über die Politiker, die Steuern und Gesetze und übers Wetter, dann wird es Zeit, sich zu fragen, ob Sie das nicht besser alles hinter sich lassen sollten, auszuweichen in ein anderes Land. Man kann zwar nicht vermeiden, dass man alt wird. Aber man kann verhindern, dass das bei schlechtem Wetter und im Stau geschieht.

Was hat mein Werk von damals mit diesem Buch zu tun? Warum bringe ich hier einen Extrakt daraus? Antwort: Weil es exakt auf die Zielgruppe passt, in der ich mich hier bewege. Auf die Typen hier im Hotel Müggelsee, die Starfighter-BestAgers. Die meisten von ihnen leben nach den beschriebenen Prinzipien. Und sie leben recht angenehm dabei.

Wolfgang Czaia ist das Paradebeispiel dafür. Der folgende Text stammt von 2005.

Wir sitzen auf der Terrasse meiner Wohnung im Schatten der 200 Jahre alten Buche und trinken Tee. Abblühende Tulpen, knospende Rosen, der burgundrote Rhododendron bricht auf. Vogelgezwitscher. Es ist ein lauer Maientag. Mein Gegenüber ist Wolfgang Czaia, vielleicht der älteste aktive Airshow-Jetpilot der Welt. Wolf-

gang ist 64 Jahre alt und lebt bei Seattle, knapp südlich der amerikanischen Grenze zu Kanada.
»Dem Pass nach bin ich zwar US-Bürger, aber ich werde immer Deutscher bleiben«, sagt er mit kaum wahrnehmbarem amerikanischem Akzent.
Das erste Mal bin ich Wolfgang begegnet, da war ich in der Auswahlschulung zum Luftwaffenpiloten. Er hatte das bereits hinter sich, war Leutnant und wartete auf seine Reise in die Vereinigten Staaten, um in Georgia zum Kampfpiloten ausgebildet zu werden. Vor uns Fahnenjunkern hielt er einen Vortrag zum Thema Okkultismus. Der Vortrag muss mich beeindruckt haben, denn ich erinnere mich heute, nach gut vierzig Jahren, noch genau daran.
Wolfgang wird Fluglehrer an der Waffenschule der Luftwaffe in Jever, einem Ort in Ostfriesland, vielen geläufig durch sein Pils, nur bei Insidern bekannt durch die Flugbasis. Bis Ende der Sechzigerjahre bringt er jungen Luftwaffenpiloten das Fliegen mit dem Starfighter bei. Die waren meist gleichaltrig oder älter, Oberleutnant Czaia selber war erst Mitte zwanzig. Er hat sein gesamtes Leben bis heute mit der Fliegerei zu tun gehabt.
Das geht schon los, als der Weltkrieg sich seinem Ende zuneigt. Wolfgang lebt mit seiner Mutter im schwäbischen Rottweil, der Vater ist Soldat.
»In Rottweil«, sagt er, »standen die Mauserwerke, also Rüstungsindustrie. Mich hat das wahnsinnig fasziniert, wie das Metall feindlicher Maschinen am Himmel aufgeblitzt ist, wie sie ihre Kondensstreifen gezogen haben und wie sie ...« er duckt sich etwas,»... schließlich durchs enge Tal gekurvt sind, um die Fabriken anzugreifen.«

Mit fünfzehn schließt er sich einem Segelflugclub an und radelt dafür am Wochenende 50 Kilometer zum Flugplatz. »Von da an hat mich die Fliegerei nie mehr verlassen.«
1959 Abitur und ab zur Luftwaffe. Mit fünfundzwanzig Jahren jüngster Fluglehrer der Deutschen Luftwaffe. Sie merken schon: Wolfgang Czaia war immer schon ein Überflieger.
1970 geschieht etwas für die Streitkräfte sehr Einmaliges, Spektakuläres: Zehn Fluglehrer verlassen die Luftwaffe, Zeichen damaliger Unzufriedenheit mit den Zuständen. (Man muss sich vorstellen: Die Männer, die Hälfte von ihnen verheiratet, zum Teil mit Kind, geben ihre Karriere, ihre Pensionsansprüche auf und kündigen, teilweise ohne ein weiterführendes Engagement).
Einer dieser Zehn war Wolfgang Czaia.
»Ich wollte nach Kalifornien. Ich hatte eine Zusage von Lockheed als Flugzeugführer.«
Lockheed ist eines der weltgrößten Flugzeugwerke, unter anderem bauen sie den Starfighter.
»Doch es war ausgerechnet die Zeit des Niedergangs der amerikanischen Flugzeugindustrie. Kaum in den USA angekommen, fiel ich entsprechend in ein tiefes Loch. Kein Geld, kein Job, keine Zukunft.«
»Und zurück nach Deutschland?«, *frage ich.*
Wolfgang betrachtet mich wie von einem anderen Stern.
»Zurück nach Deutschland? Nein!«
Das »Nein!« *schleudert er förmlich aus dem Mund heraus. Er steht auf und geht, Hände am Rücken verschränkt, den schmalen Rundweg zwischen Akazien, Weißdornbüschen und Zieräpfeln entlang. Meinen Philosophenweg nenne ich die zwanzig Meter Strecke.*

»Nicht wegen Deutschland«, ruft er zu mir herüber. »Ich hatte mir einfach Amerika in den Kopf gesetzt.«
Dann fließt eine ganze Menge Wasser den Bach hinunter, hier die Elbe und den Inn, dort den Pazifik und den Columbia River. Wolfgang Czaia boxt sich durch. Er wird Fluglehrer bei einer kleinen kalifornischen Fluggesellschaft, macht Charterflüge mit dem Learjet, fliegt unter anderem Frank Sinatra, Elvis Presley, Bill Cosby als Privatpilot. Das macht er ein paar Jahre lang. Dann führt ihn das Glück (und die Befähigung natürlich) direkt in den Job, den er schon immer wollte: Er wird Flugkapitän bei American Airlines (AA), befliegt die USA, Kanada, Europa, die Karibik. In den letzten Jahren dieser Laufbahn überträgt man ihm die verantwortungsvolle Aufgabe eines Checkpiloten. Das bedeutet für ihn, dass er die jährlich angesetzten Überprüfungen seiner Pilotenkollegen durchzuführen hat – ein von allen gefürchteter Job.
Mit sechzig wird er schließlich pensioniert. Das ist vier Jahre her.
Normal wäre es, wenn Wolfgang nun das Leben mit seiner britischen Lebensgefährtin genießen würde in seinem Haus auf einer kleinen Insel im Pazifik, wenn er sich in der ersten Klasse einer AA-Maschine fast kostenlos weltweit herumschippern ließe, sich mehr dem Segeln widmete, dem Lesen und der geliebten Astronomie, sich wissenschaftlich betätigte.
»O nein«, entgegnet er und verzieht den Mund. Lacht. »Zum alten Eisen gehören wir noch lange nicht.«
Wolfgang sieht aus wie ein Mensch wie du und ich, mittelgroß, lichtes Haar, elegante Bewegungen, gebildet, gute Manieren. Kein Filmschauspielertyp, kein Super-

mann. Die dreißig Jahre, die wir uns nicht mehr gesehen haben, sieht man uns beiden an.
»Übrigens für mich ein Zeichen von Freundschaft«, sagt er, »wenn man nach dreißig Jahren wieder da anfängt, wo man aufgehört hat, ohne zu fremdeln.«
Also, der Wolfgang Czaia wirkt wahrhaftig nicht wie ein Berufspensionär. Da hat er vorgesorgt.
»Mit dem Starfighter bin ich wieder zusammengetroffen, als ich 48 war. Mit einem Spezl, Jim Robinson, haben wir in Houston, Texas, einen kleinen Air Force-Zirkus aufgebaut. Ich bin den Starfighter geflogen, wir hatten britische Hawker Hunters, russische MiGs, kanadische CF-104s mit Schleudersitzen aus der Steinzeit. Das war mein Einstieg in die alte Militärfliegerei.«
Ich sorge für Nachschub. Wolfgang und ich sind inzwischen von Tee auf Bier übergegangen. Der Himmel hat sich bezogen, es beginnt leicht zu nieseln.
»Ein echtes Highlight war schließlich meine Ausbildung zum Testpiloten. Die Schule für Testpiloten der US-Luftwaffe ist in Edwards, Kalifornien. In sieben Monaten lernst du alles über Aerodynamik, Flugzeugsysteme, fliegst Unter- und Überschall, machst Waffentests...«
Er spricht, als würde er einem die Funktion eines Rettichschälers erklären. Dabei fordert die Jetfliegerei einen Menschen in jeder Hinsicht, körperlich und geistig. Reaktion, Entscheidungskraft, Konzentration, Nerven.
»Du wirst mit dem Sechs- bis Siebenfachen deines Gewichts in den Sitz gepresst, deine Augen drücken nach außen und werden rot. Der Kaffee schwappt vor lauter Zittern über, wenn du nach dem Flug im Coffee Shop stehst. Aber das ist nur die Reaktion deines Körpers. Das geht rasch wieder vorbei.«

Mit weit über Fünfzig landet Wolfgang auf der International Test Pilot School in Cold Lake, Kanada.
»Dort lernst du alles kennen, was fliegt. Und du fliegst alles, was sich in der Luft bewegt, vom Heißluftballon übers Segelflugzeug, vom Hängegleiter bis zu den modernen Verkehrs- und Kampfflugzeugen aus vielen Nationen.«
Russische Testpiloten lernt er in Cold Lake kennen, freundet sich mit zweien, dreien an. Die Russen sind alle auch Weltraumpiloten, Kosmonauten also. »Nächstes Jahr haben sie mich nach Chukovsky eingeladen. Das ist ein Platz in der Nähe von Moskau, auf dem jährlich eine gigantische Airshow stattfindet. Ich darf als erster Ausländer die Sukhoi 27 fliegen, das modernste russische Jagdflugzeug.«
Wolfgang Czaia hat noch nie in einer Sukhoi 27 gesessen. Aber er wird 2006 in Chukovsky im Alleinflug starten. Mit dann 65 Jahren.
Aus seiner Zeit in Cold Lake nennt er Namen, Bezeichnungen, er kennt die Konstrukteure und Entwicklungsdauer aller Flugzeugmuster, ihren Erstflug, ihr Gewicht, die Gipfelhöhen, Flächenmaße, Spritverbrauch, Endanfluggeschwindigkeit. Er wirbelt mit Namen und Daten grad so herum. Als ich ihn darauf anspreche, lacht er.
»Das ist keine Angeberei von mir. Ich versuche einfach meinen Geist fit zu halten. Geistige Bewegung ist ebenso vital wie körperliche.«
Bevor er weiterredet, bitte ich um eine kurze Pause. Max, mein Hund, läuft nervös auf und ab, bleibt dazwischen stehen. »Ich muss mal raus«, *heißt das.*
»Der Max muss mal raus«, *sage ich zu Wolfgang.* »Kommste mit?«

»Negativ. Ich bleib viel lieber auf deiner schönen Terrasse sitzen.«
Er hat sich die »Süddeutsche« geholt, und ich lasse ihn guten Gewissens zurück. Es ist halb acht Uhr geworden. Abendliche Sonnenstrahlen brechen durchs grüne Gebüsch. Am Himmel haben sich blutrote Kumuluswolken gebildet. Die Natur ist verstummt, eine fast undurchdringliche Stille hat sich über den Garten gelegt.
Als ich mit Max zurückkomme, verteile ich eine aufgeschnittene Tomate auf einem Kanten Brot, bestreue sie mit klein gehacktem Knoblauch und lege ein paar Sardellen darüber. Dazu reiche ich ein frisches Pils.
»Volltreffer!«, lobt Wolfgang.
Ich vermag nachzuvollziehen, was im Geschmacksempfinden eines Europäers vorgeht, der ständig in Amerika lebt.
»2002, genau sechzig Jahre nach dem echten Erstflug«, fährt er fort, »habe ich zum ersten Mal eine Me 262 geflogen.«
Die Messerschmitt 262 war der erste Düsenjäger, der jemals in einen Luftkrieg eingegriffen hat. Seinen Gegnern, die mit Propeller flogen, war er haushoch überlegen. Der Krieg ging wenig später auch mit dieser »Wunderwaffe« verloren.
Ende des letzten Jahrtausends sammelt ein deutscher Konstrukteur in den Vereinigten Staaten zwei Hände voll flugzeugverrückter Finanziers um sich und baut die Me 262 originalgetreu nach. Und wen sucht er sich als Testpiloten aus?
Richtig: Wolfgang Czaia.
Eine der fünf bis dahin gefertigten Messerschmitts wird 2006 zerlegt nach Berlin überführt. Bei der Internatio-

*nalen Luftfahrtausstellung im Mai soll sie vorgeführt werden.
Und wer ... Richtig. Wolfgang Czaia.*

Wie gesagt: Der Bericht ist ein paar Jahre alt. Wenn es so etwas wie Seelenwanderung gibt, dann hat sich Wolfgang Czaia bereits im alten Rom im Forum Romanum erfolgreich mit gebrauchten Hängegleitern beschäftigt.

Und nun stand er oben am Reichstagsufer, hatte auf unser Schiff gewartet und war einer von uns.

Desaster am Himmel

Zurück im Hotel Müggelsee waren unsere Gespräche geprägt von der Sorge um den Kameraden Victor Lakota. Einerseits dachten wir an seine Gesundheit, andererseits fragten wir uns, warum er grundlos gelogen oder bestenfalls fantasiert hatte. Um ihm nicht Unrecht zu tun, hatte ich vorsichtshalber noch einmal bei Karl, dem Rosenheimer Polizeisprecher, angerufen.

»Nein, du kannst beruhigt sein«, bestätigte Karl. »Was ich dir gesagt habe, gilt. Lakota war nie verheiratet, und von einer vom Dach gestürzten Frau in den fraglichen Jahren ist auch nichts aktenkundig. Und er ist vorbestraft.«

Nun ist's ja nicht weiter schlimm, wenn einer nicht verheiratet ist. Eine Vielzahl von Piloten ist geschieden und hat keine neue Ehefrau. Aber warum bloß hat er uns dann diesen Bären von der vergewaltigten Ehefrau aufbinden wollen?

Wenn ein Hund sprechen könnte, wäre das Rätsel einfacher zu lösen. Dann hätte ich eine reelle Chance, mehr über Victors Lebenswandel herauszufinden. Doch der hinderlichen Sprachbarriere wegen gelingt es dem Menschen nicht, zum Hund durchzudringen.

Mich durchzuckte ein schrecklicher Gedanke: Was geschieht eigentlich mit Erwin, wenn Victors Klinikaufenthalt andauert? Führe ich dann mit ihm ein Hundeleben?

Die Sache musste geregelt werden. Ich wollte trotz Schwester Irmingards Verbot Victor im Krankenhaus besuchen und mit ihm reden. Doch wohin mit Erwin? Ich forschte nach meinem dunkelhäutigen Zimmermädchen und fragte sie. Auch diesmal bekam ich einen Korb: »Angst vor die Bestia!« Also ließ ich den Hund wieder im Zimmer zurück und schaltete den Fernseher ein. Auf KiKa gab's einen Tierfilm. Das letzte Mal war's damit auch gut gegangen.

Voller Unruhe und mit schlechtem Gewissen nahm ich den Aufzug nach unten und durchquerte die Halle. Es war kurz vor neun Uhr abends. Milchiges Rot breitete sich draußen vor den Fenstern aus. Brüllendes Gelächter aus einem Nebenraum. Ich äugte um die Ecke. Als ob er gleich eine Arie schmettern würde, stützte Volker Regensburger sich mit einer Hand auf den schwarz gelackten Bösendorfer-Flügel an der Wand. In der anderen hielt er sein obligatorisches Mineralwasser. Wie ein gutmütiger Riese sah er aus mit seinem flächigen Gesicht und dem blühenden Weißdornstrauch auf dem Kopf.

Die Herren Senior Pilots lungerten alle sehr cool und locker um ihn herum wie eine Pavianfamilie beim Wochenmeeting: Franz Schnell, Pit Vogel, der mit dem Busgesicht, der Kioskbesitzer und die anderen. Wolfgang Czaia wischte sich verstohlen eine Träne aus den Augen. Er bekam seine Züge kaum mehr geordnet und sah aus, als hätte er sich seinen Jetlag aus dem Gesicht gelacht. Volker am Flügel arbeitete sich mit gespreizten Fingern durchs Haar und schien voll in seinem Element.

»... ja, und da sitz ich nun vor mich hin in 36 000 Fuß, und die Nase ist weg. Den Blitz hab ich zwar gesehen, aber kein bisschen gespürt. Rechts vorne hat er eingeschlagen, wie in einem Katastrophenfilm, und – zack – war die Nase weg.«

Volker machte eine bedeutungsvolle Pause und legte die Stirn in wichtige Falten. Es war ruhig geworden im Musikzimmer.

Ich musste an Erwin denken. Sollte ich ihn aus dem Zimmer holen?

»Ganz schön blödes Gefühl«, fuhr Volker fort. »Über dir der dunkelblaue Himmel, neben dir drohende Gewitterwolken und ein paar Sonnenstrahlen, unter dir weiße Blumenkohlwolken und vor dir – nichts. Vorhin noch war alles normal gewesen. Und jetzt – wie nach einem Zeitsprung – ist mit einem Schlag alles vollkommen verändert. Das Problem – aber wem erklär ich das! In der Flugzeugnase sind die Sensoren für alle wichtigen Instrumente eingebaut, für alle lebenswichtigen sogar: Geschwindigkeit, Höhe, Fluglage, Sink- und Steigrate, das gesamte Radarsytem – die ganze Palette. Das ist alles komplett weg, wenn die Nase fehlt. Du weißt nicht, wie hoch du bist, du kennst deine Geschwindigkeit nicht.«

Große Augen rund um mich herum. Einige nickten andächtig.

Ich hörte Erwin bellen. Doch das spielte sich sicher nur in meinem Kopf ab. Die Entfernung zum Zimmer war zu groß.

»Eigentlich«, sagte Volker, »ist es ein Gefühl zum Lachen, so komisch muss das aussehen. Ein ausgewachsener Mach-2-Jäger in zwölf Kilometern Höhe fliegt total asymmetrisch ohne Vorderteil herum. Aber im

Cockpit ist's gar nicht zum Lachen, im Gegenteil. Ich weiß noch, dass ich ziemliches Muffensausen hatte. Glücklicherweise funktionierte die Spritanzeige noch, so dass ich wusste, wie viel Treibstoff ich hatte und wie lange ich mich noch in der Luft halten konnte.«

»Und?«, warf der mit dem Kiosk und dem Kugelbauch ein, der mir unbekannt war. »Wie bist du wieder runtergekommen? Oder musstest du aussteigen? Aber das wüsste ich. Das hätte ich irgendwo gelesen.«

Nachdenklich schaute Volker den kleinen Dicken an. »Weißt du, was mir gleich ein bisschen Kopfzerbrechen bereitet hat?«

Er sah sich um und musterte jeden, ob er auch aufmerksam genug zuhört.

»Ich will dir's sagen: die Nase. Die Nase besteht zwar aus Kunststoff, aber geschmolzen war sie sicher nicht. Sie ist einfach abgeplatzt und zur Erde gefallen wie eine Bombe. Nicht auszudenken, wenn sie aus dieser Höhe mit voller Wucht einen Menschen trifft. Oder in einen Kindergarten fällt ... Ein einziges Desaster.«

Konnte es sein, dass dieser Volker Regensburger es genoss, im Mittelpunkt zu stehen, gestreichelt und geschmeichelt vom Interesse der anderen? Es schien fast so. Seine ganze Erscheinung wirkte eitel in dem grauen Anzug, dem rotseidenen Schal und dem feinen Einstecktüchlein. Doch vielleicht bildete ich es mir nur ein. Und es war auch egal. Mein Sinn stand ohnehin nach etwas anderem. Ich wollte die Lakota-Sache klären und wissen, was mit dem Hund geschehen sollte. Am Montag würde ich schließlich wieder abreisen. Die Uhr zeigte mittlerweile kurz nach halb zehn. Konnte ich da überhaupt noch im Krankenhaus antanzen?

Doch Volkers Erzählung hatte auch mich gepackt. Mir war zwar ziemlich klar, wie sie ausgehen würde, denn das Drumherum mit den fehlenden Instrumenten und Anzeigen war nichts Neues. Das hatte es schon gegeben. Aber es aus dem Mund eines Mannes zu hören, der die Situation im wirklichen Fliegerleben durchstanden hat, ist etwas anderes, als wenn man vor dem Schreibtisch oder auf der Couch darüber liest.

»Runtergekommen? Ich hab natürlich sofort, als der Blitz mir das Teil wegrasiert hatte, ›Mayday‹ gerufen. Die Flugsicherung und die Radarleitstelle haben auch sofort und vorbildlich reagiert. Was denkt ihr, welche Maßnahmen getroffen wurden?«

Nun platzte mir der Kragen angesichts dieses schwülstigen Geredes. Der Kerl hatte schließlich im Cockpit ergraute, erfahrene Flugzeugführer vor sich, keine langhaarigen Philosophiestudenten und keine Englischen Fräuleins.

»Nun mach mal keinen Roman aus deiner Geschichte«, warf ich erregt ein. Möglich, dass meine Zähne dabei knirschten. »Deine Nase ist dir weggebrochen da oben, okay. Dass du deine Höhe über Grund nicht genau kennst – wo ist das Problem? Und die Geschwindigkeit? Du stellst das Triebwerk auf 92, 93 Prozent Leistung und orgelst mit ausreichend Speed durch die Atmosphäre. Auch kein Problem. Du rufst Mayday und – zack – hast du zwei Jäger neben dir, an deren Fläche du dich hängst und die dich sicher runterführen. War's nicht so?«

Volker Regensburger war platt. Er pumpte wie ein Maikäfer vor dem Abflug, seine Nasenpartie war der einer Geierschildkröte nicht unähnlich.

Ich muss einen ziemlich roten Kopf gehabt haben. Einen kurzen Augenblick lang war ich versucht, mich zu entschuldigen. Aber dieser Typ spielte sich einfach zu sehr auf. Wir waren nicht im Kindergarten. Und wenn ...

Etwas vibrierte an der linken Leiste. Mein Handy. Ich hatte den Ton weggedrückt. Eine fremde Handynummer. Vernachlässigen!

»War's nicht so?«, wiederholte ich. »Sie haben dich über den Wolken abgefangen, du hast dich drangehängt und bist problemlos an irgendeiner Fläche gelandet.«

Volker Regensburger strich sich verlegen durch das Gestrüpp grellweißen Haars auf seinem Kopf. Er sah mich unsicher an und nickte. »Ja. Aber ...«

Ich hörte nicht mehr hin. Wahrscheinlich wollte er mir sagen, wie nervenzerfetzend die Situation war, da oben ohne seine Hauptinstrumente und ohne Anzeigen herumzufliegen. Aber verdammt, wir hatten schließlich alle schon ...

Mein Handy! Vielleicht hatte ja das Krankenhaus angerufen? Diejenigen, die mich gewöhnlich anläuten, habe ich gespeichert. Also würden sie auch angezeigt. Konnte es Victor sein?

»Hallo?« Ich hatte mich kurzerhand ins leere Fernsehzimmer begeben. »Sie hatten angerufen. Ich habe Ihre Nummer auf dem Display.«

»Herr Loy?«, kam es zurück. Es war eine seltsam gedämpft klingende weibliche Stimme. »Schwester Irmingard hier. Könnten Sie vielleicht mal vorbeikommen? Es gibt ein paar Dinge, die darauf schließen lassen, dass mit Ihrem Herrn Lakota etwas nicht stimmt.«

Gaukelspiel

War ich im Begriff, in irgendeine üble Angelegenheit hineingezogen zu werden? Was kümmerte mich Victor Lakota überhaupt? Ich könnte mich ja zurückziehen. Aber da war meine natürliche Neugier, die mich an dem Thema dranbleiben ließ. Ich nahm kurz in einem der Fernsehsessel Platz.

Aus dem Musikzimmer drang Stimmengewirr durch die halb geöffnete Tür: »… der Loy spinnt … hat vollkommen recht … muss er sich denn so aufregen …« Dann wieder wurde laut gelacht.

Beim Aufstehen rammte ich mir das hölzerne Sesselgestell in die Kniekehle. Sesselgestell? Eine Idee blitzte auf. Victor hatte so seltsam vor- und zurückgeschaukelt wie der Elefant im Zoo. Konnte es sein, dass durch dieses Pendeln und mehrere Stöße in die Kniekehlen seine Thrombose losgelöst worden war? Ich schüttelte den Gedanken ab. Was kümmerte es mich? Lieber kehrte ich zurück ins Musikzimmer und sah nach, warum es dort so turbulent zuging.

Volker Regensburger stand einsam in einer Ecke und wirkte wie abserviert. Das Wort führte jetzt der bauchige Kioskbesitzer. Er schien wie viele Dicke alterslos, doch ich schätzte ihn auf Mitte bis Ende sechzig. Er war sogar relativ gut aussehend, wenn man vom Kinn absah, das etwas zum Fliehen neigte. Es stellte sich heraus, dass er Horst hieß. Man nannte ihn den Horstl.

Eine Bedienung mit weißer Kaffeehausschürze verteilte silberne Schälchen mit Knabbergebäck auf den Bistrotischen. An einem Tischchen neben dem Flügel machte sie etwas länger Halt. Dort hatten sich zwei ältere Damen breitgemacht, die wie verhutzelte Zwillinge anmuteten. Die eine war grün gekleidet, die andere gelb. Das Klappern ihrer Teetassen klang wie dünnes Friedhofsgeläut zwischen den Lachpausen der Männer. Offensichtlich warteten sie schweigend auf den Pianisten, ohne deswegen verloren zu wirken. Ich selbst blieb unbeachtet.

Der Horstl arbeitete ebenso intensiv mit den Händen wie mit dem Mund. Momentan machte er eine Handbewegung, die sowohl Spargel schälen wie Boden wischen als auch Gurgel durchschneiden bedeuten konnte.

Wieder vibrierte mein Handy. Drei- oder viermal, dann war es wieder ruhig. Ich schielte aufs Display. Dieselbe Nummer wie vorhin: Schwester Irmingard, die Hartnäckige. Ich warf einen Blick auf die Uhr. Es war weit nach zehn.

Es geschieht nicht sehr oft, dass ich mich einfach so zu etwas Ungeplantem hinreißen lasse. Doch nach diesem zweiten Anruf fühlte ich mich wie der einsame Wolf, der Blut gerochen hat. Ich machte ein paar unbeholfene Gesten in die Menge, die meinen Abschied verkünden sollten, und räusperte mich durch das Gedränge in die Halle. Ich erkundigte mich an der Rezeption, ob Erwin sich gemeldet oder Probleme bereitet hatte. Hatte er nicht. Also trat ich in den leisen Nieselregen nach draußen.

Der barhäuptige Taxifahrer, den ich erst wecken musste, entpuppte sich – nach eigener Aussage – als früherer Chef der Wasserversorgung von Andorra. Er fuhr, als wäre er aus Teheran oder Caracas. Eilends brachte er mich zur Notaufnahme.

Schwester Irmingard wartete unweit des Eingangs. Sie hatte markante Schneidezähne, und ein zarter Pfefferminzduft umwehte sie. Auch sonst wies sie nicht gerade jene Attribute auf, die normal veranlagte Männer anziehen. Zu scharf abgesetzt waren ihre Kiefer, zu muskulös die Hände, zu breit die Schultern.

»Kommen Sie!«

Ich kam. Sie zog mich in ein Zimmer mit drei schweren Fällen. Die Tür ließ sie einen Spalt weit geöffnet. Wir waren ungestört. Die drei hörten, sahen, sagten und dachten nichts.

»Herr Lakota hatte keinerlei Ausweispapiere bei sich. Ich sag's Ihnen. Wir wissen nicht, wie wir abrechnen sollen. Haben Sie vielleicht …?«

»Nein, gewiss nicht«, sagte ich vorschnell. Erst jetzt fiel mir ihre tiefe, klangvolle Stimme auf.

»Woher sollen wir wissen, ob das wirklich der Herr Lakota war? Wir haben schon so viel erlebt, ich sag's Ihnen.« Sie schlug die Hände vors Gesicht. »Nicht einmal eine Versicherungskarte hatte er bei sich.«

Was würde ich jetzt tun, wenn sie mich ernsthaft fragen würde, ob ihr Patient der Herr Lakota war?

»Können Sie mir wenigstens bestätigen, ob das …?«

Da haben wir's. Nein, konnte ich nicht. Jedenfalls nicht guten Gewissens. »Wir haben uns über vierzig Jahre nicht gesehen. Was hat er denn nun eigentlich genau, der Victor? Wissen Sie, woher die Thrombose kommt? Ich hätte da so eine Vermutung mit einem Fernsehsessel. Und wie geht's ihm momentan und überhaupt, dem Victor?«

Irmingard musterte mich sanft aus großen Zwielichtaugen und schüttelte den Kopf.

»Ja, wissen Sie denn nicht … . Nein, können Sie ja gar nicht wissen. Der Herr Lakota ist weg! Weg, weg, weg! Einfach weg! Er hat die Schläuche abmontiert, seine Klamotten mitgenommen und ist auf und davon. Wie soll ich das dem Chefarzt erklären? Ich hab den Herrn Lakota privat gelegt, weil er ja Bundeswehroffizier ist und ich deswegen annahm … Sie verstehen schon, privat versichert. Und nun das.«

Die Gute sackte in sich zusammen und schwieg eine Weile. Ich war versucht, sie tröstend zu umarmen, doch sie brachte sie ihren Vortrag rechtzeitig zum Abschluss:

»Ich sag's Ihnen!«, klagte sie leise.

Einer der drei Schwerkranken stieß einen tiefen Seufzer aus. Eine drückende Schwere lastete plötzlich auf dem Raum. Es war eine einzige Litanei der Verzweiflung. Ich horchte auf meinen eigenen schweren Atem, den mein rasender Herzschlag beinahe übertönte.

»Ich muss hier raus!«, zischte ich. Ich wandte mich zum Gehen und nahm die Klinke in die Hand. In diesem Augenblick ging die Tür bis zum Anschlag auf, und eine Gestalt betrat das Zimmer. Ich musterte die Person von oben bis unten. Vor mir stand Victor Lakota! Ohne Zweifel war das Victor Lakota. Victor im Anzug mit Krawatte und blank geputzten Schuhen.

Es roch sanft nach Pfefferminz. Der Geruch kam aus dem Mund Schwester Irmingards, die hinter mir hörbar schnaufte.

Cha cha cha d'amor

Der Horstl war ganz in seinem Element. Man hätte das von ihm nicht vermutet, kurz, rundlich und schweigsam, wie er zuvor gewesen war. Er bezog sogar die beiden Hutzeldamen, grün die eine, gelb die andere, in seine Erzählung mit ein.

»Das Offizierscasino hatte im Mai ein Spargelessen geplant. Dazu brauchte man – na was? – richtig: Spargel. Doch in der Umgebung unseres Fliegerhorsts gab es keinen Spargel. Wo also kam der beste Spargel her?«

Er hatte sich, die Hände in den Hüften, vor den beiden Hutzeln aufgebaut. Die beiden kicherten.

»Aus Schwetzingen«, sagte die eine, »aus Mallorca«, die andere.

»Weder noch, meine Damen. Schwetzingen hat keinen Flugplatz, und Mallorca war zu weit. Aber in Holland gab's einen tollen Spargel mitsamt den Kartoffeln. Denn damals wurde in Holland noch ehrlich gearbeitet. Ohne Gift und Wärmefolie.«

Horst machte ein paar Schritte rückwärts und packte beide Fäuste in die Taschen. Lachfalten an den Augen waren die einzigen Zeichen des Alters in seinem runden Gesicht, dazu zwei Wülste im Genick, die sich über den Kragen wölbten. Beim Erzählen wippte er in unregelmäßigen Abständen mit den Füßen auf und ab.

»Es gab an der holländischen Grenze einen Flugplatz namens Laarbruch, der wurde von der Royal Air Force betrieben – eine Standard-NATO-Air-Base, 10 000 Fuß Rollbahn, zwei Staffeln, mehr als zwei Dutzend zweistrahlige Lightning-Abfangjäger. In der Nähe dieses Flugplatzes wohnten die Eltern unseres Kameraden Hans. Dessen Vater sollte den Spargel besorgen, so um die eineinhalb, zwei Zentner, schätze ich. Dann sollte der Hans diesen Spargel mit dem Starfighter in Laarbruch abholen. Für das Spargelessen im Casino.«

»Ja, aber ...« Die gelbe Hutzel hob den Finger, meldete sich zu Wort, und die Runde der starken Männer grinste erbärmlich.

»Sie meinen«, eilte der Horstl sofort zu Hilfe, »ein Starfighter sei kein Transportflugzeug?«

Beide Damen nickten heftig und simultan.

»Wissen Sie, wir waren ein Aufklärungsgeschwader mit lauter Aufklärungsflugzeugen. Diese Flugzeuge hatten eine umfangreiche und schwere Kameraausrüstung in ihrem Vorderteil, in der Nase, um genau zu sein. Zum Fotografieren aus der Luft und so. Und diese Ausrüstung wurde für den Spargelflug ausgebaut. Hans hatte also genug Platz da drinnen für seines Vaters Spargel.«

Die umstehenden und -sitzenden Seniorpiloten nickten wohlwollend. Sie kannten das Verfahren. Solch ein Flug wurde als Übungsflug nicht nur deklariert, er war auch einer. Hans würde einen Aufklärungsauftrag bekommen, drei Ziele – etwa eine Brücke, eine Kaserne, eine Richtfunkstation – nach Sicht und ohne Kameras aufzuklären, über Funk eine Ergebnismeldung abzugeben und danach in Laarbruch zu landen. Das Gemüse würde wenig später zugeladen, die Kameratüren verschlossen, das Flugzeug aufgetankt. Tiefgekühlt käme die Ladung nach einem weiteren Aufklärungsübungsflug an den Ausgangspunkt des Aufklärungsflugs zurück.

»Hans telefoniert also vor dem Start mit seinem Vater. Der wartet am Tor mit dem fertig verpackten Spargel, bis der Sohn gelandet ist. Nur – das Problem ist, der Sohn landet nicht. Handys gab's ja noch nicht. Englisch konnte der Vater auch nicht, um mit den Platzbetreibern zu reden. Nach zig Minuten fragt er sich endlich von Vermittlung zu Vermittlung zu unserem Wing Ops durch und bekommt den OVG zu fassen.

›Wo ist mein Sohn?‹, wird er gefragt haben.

›Wissen wir auch nicht‹, kann die Antwort gewesen sein.

›Wieso?‹, fragte da der Vater.

Schweigen am anderen Ende.

Ja, es war was passiert.«

»Huch!«, ächzen Hutzelgrün und Hutzelgelb. Wer hätte je diese beiden netten, niedlichen Damen rauswerfen können?

»Unmittelbar hinter einem unbedeutendem Dorf mit dem schönen Namen Opfermannshausen im Sauerland bohrt sich die Maschine von Hans auf dem Hinflug nach Laarbruch in den Waldboden. Es herrscht zwar eine niedrige Wolkendecke. Aber das kann nicht der Grund gewesen sein.«

Horst ließ den Blick durch das voll besetzte Musikzimmer wandern. Seine Lachfalten waren verschwunden. Er sah aus, als würde er gleich in Tränen ausbrechen.

»›Cha cha cha d'amor‹« war der Lieblingssong von Hans«, rief er aus. »Den hat er immer gepfiffen.«

Ein verzagtes Lächeln huschte über sein Gesicht, als er auf kurzen Beinen zum Flügel hoppelte, den Deckel hochklappte und im Stehen mit einhändigen Läufen die Melodie spielte.

Cha cha cha d'amor
Take this song to my lover
Shoo shoo little bird
Go and find my love.

Die Hutzeldamen fassten sich an den Händen, spitzten die Lippen und sangen mit. Unfassbar. Sie kannten den englischen Text auswendig.

Cha cha cha d'amor
Serenade at her window
Shoo shoo little bird
Sing my song of love

Hutzelgrün dreht die auf dem Tisch stehende Zuckerdose im Rhythmus des Lieds um 180 Grad. Dann dreht sie die Dose wieder zurück.

When we are apart
How it hurts my heart
So fly away oh fly away
And say I hope and pray
This lover's melody will bring her back to me

Es herrschte eine Stimmung wie beim Kaffeekränzchen. Niemand hätte sich gewundert, wenn der Staffelkapitän aufgestanden wäre und eines der beiden Mädels zum Tanz aufgefordert hätte.

»Und?«, fragte Hutzelgelb. »Was geschah mit dem Spargel? War er über den Waldboden verstreut?«

Der Horstl hat sich wieder gefasst. Er hob die Hand und bildete mit Daumen und Zeigefinger einen Kreis.

»Nein. Der Hans ist auf dem Hinflug abgestürzt. Da

stand der Vater noch immer mit seinem Spargel am Laarbrucher Kasernentor. Das war doch der Grund, dass er bei uns im Geschwader anrief.«

Später ließ ich mir die Geschichte noch einmal von Horst erzählen – in Kurzform, denn ich erinnerte mich an den kuriosen Flugunfall. Hans H. hatte im Tiefflug den Autopiloten eingeschaltet. Das war zwar zulässig, erforderte aber Nerven. Wahrscheinlich wollte er für wenige Sekunden seine Karte falten, sich schnäuzen oder sich kratzen. Die Flugunfalluntersuchung förderte jedenfalls eine Fehlfunktion des Autopiloten zutage. Wenn der Automat in 500 Fuß nach unten kickt, reißt es dir den Steuerknüppel aus der Hand und zieht den Bock gewaltsam und schlagartig nach unten gen Boden. So schnell kann man gar nicht schauen und reagieren, wie der einen in den Tod reitet. Vielleicht hat er noch einen kurzen Rettungsversuch gestartet, der Hans H., doch vergeblich. Das war's bei dieser geringen Flughöhe. Vor dem Aufschlag hat er noch den Schleudersitz betätigt. Doch er befand sich in einer Schräglage. Der Sitz zündete zwar, das Cockpitdach wurde weggesprengt, auch die Sitz-Mann-Trennung erfolgte, doch der Fallschirm öffnete sich nicht mehr.

Hinter den letzten Häusern von Opfermannshausen, kurz nach einer Waldkapelle, schlug Hans' Starfighter eine zehn Meter breite Bresche in den Mischwald aus Kiefern, Buchen und Lärchen. Die Trümmer waren weithin verstreut.

»Alles war voll Starfighter«, berichtet Horst, der sich bei der Suche in den Wäldern der Laarbrucher Fliegerhorstfeuerwehr angeschlossen hatte. Sie war in einem

Bus eigens dorthin gekarrt worden. »Und an den Bäumen hingen Leichenteile verstreut. Ich selbst hab einen Stiefel vom Hans gefunden, in dem noch das zerfetzte Schienbein steckte. Aber daran mag ich gar nicht mehr denken.«

Horsts Gesicht verrät nichts. Seine Körpersprache dagegen drückt nervöse Erinnerung aus.

»Zum ersten Mal hat damals die BILD konstruktiv über einen Starfighterunfall berichtet. ›Starfighterpilot rettet Dorf‹, war die dicke Überschrift. Und in Opfermannshausen steht heute noch ein Gedenkstein für den heldenhaften Piloten.«

Nachdenklich sieht er mich an.

»Ob er das Dorf wirklich gerettet hat, wird nie einer erfahren. Aber wenigstens bei BILD war's positiv.«

Judas

Ich hatte mir den Aufenthalt in Berlin mit meinen Pilotenfreunden anders vorgestellt. Gefreut hatte ich mich, wahnsinnig gefreut auf ein fröhliches Wiedersehen mit den alten Recken. Nun aber war ich mit allen Sinnen gefangen von der Geschichte um, über und von Victor Lakota. Ich war auch selbst schuld, sagte ich mir. Obendrein hatte ich noch seinen Hund abbekommen und wusste auf Dauer nicht, wohin mit ihm.

»Hi«, sagte der Mann, der mir unter der Tür zum Zimmer der drei Schwerkranken gegenüberstand. »Du musst Didi Loy sein.«

Da war kein Zweifel möglich. Dieser Mann war Victor Lakota.

Mitternacht war nicht mehr weit. Das konnte nicht sein. Ich wollte einen prüfenden Blick hinter mich auf Schwester Irmingards Gesicht werfen, erwischte aber nur ihr Hinterteil. Sie hatte sich abgewandt.

»Kennst mich noch?« Der Mann entblößte zwei Reihen einwandfreier Zähne und streckte mir die Hand hin.

»Moment mal«, sagte ich, »Warst du bis gestern hier im Krankenhaus? Und vorher im Hotel Müggelsee?«

Der Fremde nickte. »Im Müggelsee an der Rezeption. Dort hab ich zu ahnen begonnen, dass du wahrscheinlich hier bist.«

Ich stutzte. Vermied es, ungläubig den Kopf zu schütteln. Ich hatte das untrügliche Gefühl, dass dieser Mann tatsächlich Victor war und dass er mehr wusste als ich. Wieso hatte er sich ausgerechnet nach mir erkundigt? Ich beäugte ihn misstrauisch. Er strahlte etwas Verächtliches, Besserwisserisches aus. Ich dachte an Flucht. Gern hätte ich Irmingard in ihren fetten Hintern getreten, den Mann gegen die Wand geschmissen und wäre zurückgerannt zu meinen Freunden am Müggelsee.

Am liebsten hätte ich den Kerl nach einem Passwort gefragt, nach dem Geburtsnamen seiner Mutter, nach dem Namen seines Lieblingshunds oder ähnlichen Internetidentifizierungsmerkmalen.

Stattdessen starrte ich ihn gallig an und fragte: »Haben Sie einen Hund?«

Der Mann strahlte mich aus grundehrlichen Augen an.

»Auch deswegen bin ich hier«, sagte er. »Man hat mir gesagt, dass Erwin bei dir sei. Wo ist er? Hier im Krankenhaus ja wohl nicht. Hast du ihn im Auto gelassen?«

Er las die Antwort an meinen Augen ab.

»Mensch, kannst du mir nicht einfach glauben?«, fragte er mich. »Ich bin Victor Lakota. Der, den du bisher gesehen hast, ist mein Bruder.«

Ich hatte nur halb hingehört. Ja, der Name seines Lieblingshunds … . Bevor ich weiter im Dunkeln tappte, fasste ich einen Entschluss.

»Kommen Sie mit«, sagte ich.

Am liebsten hätte ich die Schwester mitgenommen. Doch sie war abgetaucht.

»Wir fahren ins Hotel.«

Wir fuhren in seinem Wagen. Widersprüchliches ging

mir durch den Kopf. Ich sah ihn von der Seite an. Erst jetzt bemerkte ich die Zigarette hinter seinem Ohr.

»Mein Bruder«, sagte er mit schiefem Mund, »mein Bruder ist mein Zwillingsbruder. Er hat mich wieder einmal ausgetrickst. Er macht sich einen Spaß daraus, in meine Haut zu schlüpfen. Tut mir leid, wenn er dich mit seinem Täuschungsmanöver durcheinandergebracht hat. Ist nicht das erste Mal.« Er lachte auf, nahm die Zigarette vom Ohr, ließ ein Zippo-Feuerzeug aufschnappen und zündete sie an. »Stört's dich, wenn ich rauche?«

Erwin spielte verrückt. Schon durch die geschlossene Hotelzimmertür war sein Freudengeheul zu hören. Als ich sie vorsichtig öffnete, brachen alle Dämme. Erwin sprang an dem Mann empor, umarmte ihn, schielte ihn an, schniefte und pupste und quietschte und verbiss sich in seine Schuhe. Er umkreiste den anderen schwanzwedelnd. Mich, seinen Retter, beachtete er nicht.

»Na?«, meinte der Mann und zwinkerte mir zu, »alles klar? Erwin erkennt mich. Er ist mein Hund.«

Wir gingen hinein. Der Hund folgte uns. Ich schloss die Tür. Meine Unruhe hatte sich – zumindest für eine Weile – gelegt. Ich wollte die Sache nicht noch mehr komplizieren. Ich befand mich schließlich nicht mitten in einem Kriminalfall.

Doch eine einzige Übung zu Lakotas Gedächtnistraining wollte ich noch absolvieren.

»Dein Herr Zwillingsbruder hat einen Unfall mit dem Kunstflugteam der *Thunderbirds* beschrieben. Kannst du wiedergeben, wo dieser Unfall war und wie es passiert ist?«

Befreites, fröhliches Lachen. »Ist das jetzt ein Persönlichkeitstest oder was?«

Der Mann griff sich an die Krawatte und lockerte sie, während der Hund immer noch um ihn herumwuselte.

»Klar kann ich dir das sagen. Das war mein Starfightersolo damals in Aviano. Major Pugh führte die *Thunderbirds* an, Bill Falcon, genannt Billy, hat sich nach einer Rolle auf die Runway gelegt. Ich selbst stand mit meiner Gustav hinten am Runway-Ende und musste über den zerbröselten Billy drüberfliegen. Scheiß-Ding. Hat Judas wieder einmal die Story gebracht?«

Victor Lakota wirkte so gelassen, als würde er diese Situation nicht zum ersten Mal erleben. Er lächelte mich an. Beinahe hätte ich zurückgelächelt. Doch ich reagierte zurückhaltend und zuckte nur unentschlossen die Schultern. Konnte es nicht genau umgekehrt sein? Der Verschwundene war Victor Lakota, und der, der vor mir stand, war der Zwilling? Doch Victor hatte mich neugierig gemacht. Judas? Konnte ein Mann tatsächlich Judas heißen? Es war grotesk. Nun wollte ich aber auch die ganze Geschichte hören.

Victor – ich hielt es nun für wahrscheinlich, dass seine Version korrekt war – hatte sich in den Sessel fallen lassen und streckte die Beine von sich. Erwin kauerte sich dicht an ihn und legte den Unterkiefer auf seinem Schuh ab. Ich stellte mich mit verschränkten Armen vor Victor hin und hörte zu.

»Judas heißt natürlich nicht Judas«, erklärte er. »Sein Geburtsname ist Konrad. Doch er hat mich mehrfach verraten oder, besser gesagt, ausgetrickst. So wie jetzt mit dir und den anderen. Seither nenne ich ihn Judas. Und spätestens seit damals, seit seiner Taufe, hat mein

Bruder eine sehr seltene psychische Krankheit, eine Art Schizophrenie. Wenn's ihm in den Sinn kommt, imitiert er mich. Oder er spielt den Leuten seinen Bruder vor, so wie ich sein oder handeln könnte ... ja, Erwin, schon gut. Nimm deinen Kopf wieder weg, mir schläft der Fuß ein ...«

Um die Sache nicht in die Länge zu ziehen: Der Mann, der da vor mir im Sessel fläzte, war tatsächlich Victor. Davon war ich recht bald überzeugt. Er hatte, nachdem er die Bundeswehr verlassen hatte, in eine mittelständische Firma eingeheiratet, deren Geschäftsführer er nach kurzer Zeit wurde. Seitdem lebte Judas bei ihm, und Victor kümmerte sich um ihn. Bei dem Bruder zeigte sich sehr früh eine besondere Begabung, die sich im Lauf der Jahre immer nachhaltiger entwickelte. Er konnte sich alles merken, was Victor je gesagt hatte, und vergaß nicht die kleinste Kleinigkeit.

In der vergangenen Woche war Victor geschäftlich im Ausland gewesen. Konrad/Judas hatte die Gelegenheit genutzt, war an seiner statt zum Cactus Starfighter Meeting gefahren und hatte sich, wie ich nun wusste, als Victor Lakota ausgegeben.

Als Victor von mir erfuhr, dass sein Bruder mit einer akuten Thrombose aus dem Köpenicker Krankenhaus geflüchtet war, war er äußerst besorgt.

»Der Judas ist gefährdet. Ich muss sofort in die Klinik. Weißt du, wer der behandelnde Arzt ist?«

Er eilte aus dem Zimmer, dicht gefolgt von Erwin, und hinaus auf den Gang.

Ich folgte ihm.

»Sag wenigstens den Kameraden vorher noch Grüß Gott«, rief ich ihm nach.

Doch Victor Lakota war bereits im Lift und hatte den Knopf gedrückt. Die automatische Tür schloss sich, und der Lift fuhr an.

Ich nahm die Treppe, durchquerte die Halle, ließ die Rezeption links und den überdimensionierten Ausgang mit den parkenden Taxen davor rechts liegen und ging über weichen Teppich dem lauten Stimmengeräusch nach. Von Victor war weit und breit nichts zu sehen.

Das Musikzimmer war immer noch rammelvoll mit alten Piloten, jeder ein Bier in der Hand oder etwas anderes Trinkbares. Victor saß in der Ecke. Er hatte brandrote Wangen, seine Augen zuckten unstet hin und her wie bei einem gehetzten Tier.

Der Horstl unterhielt sich mit ihm. Ein winziges Lächeln nistete in seinen Mundwinkeln. In der Ecke neben dem geöffneten Flügel schlug eine neugotische Standuhr Mitternacht.

Die Damen Grünhutzel und Gelbhutzel saßen trotz der späten Stunde noch immer mit gestrecktem kleinen Fingerchen vor ihren leeren Teetässchen an ihrem Tischchen. Ihre Augen blitzten vor Vergnügen.

Ich trat näher an Horst heran und betrachtete Victor genau. Kein Zweifel, dieser Zwilling musste Judas sein. Die gelben Zähne, der dazu passende dreckige Pullunder, die einmalige Krawatte – der Geruch.

»Judas!«, rief ich.

Erschreckt sprang er auf und starrte mich aus großen Augen an. Sein Gesicht war grau. Wenn er sprach, bleckte er die hässlichen Zähne, und ich sah kleine Speicheltröpfchen im Schein der Deckenbeleuchtung.

»Ist etwa mein Bruder da?«, fragte er und blickte um sich wie ein geprügelter Hund. »Nur er nennt mich so.«

Dann ging von einem Augenblick auf den anderen ein Ruck durch ihn. Er strich sich durchs wirre Haar, seine Figur straffte sich, er stellte sich in Positur.

»Ich bin Victor Lakota«, rief er laut. Die Gespräche um ihn herum verstummten. »Ich kenne euch alle von früher.«

Er sah in die Runde und jedem Einzelnen, den er aufzählte, in die Augen.

»Pit Vogler, Volker Regensburger, Peter Bündgen, Horst Wilhelms, Heini Thüringer, Didi Loy, Lutz Christian, Gert Overhoff, Franzl Schnell. Und du ...«, er legte eine Hand auf die Schulter seines Gegenübers, »... du bist der Horst.«

Mit dem Zeigefinger der linken Hand zielte er auf die Besatzung des Tischchens neben dem Flügel.

»Nur euch beiden Mädels dort hinten kenne ich nicht. Aber Weiber haben bei uns Piloten schon immer eine Rolle gespielt. Unsere Playmates.« Er schüttete sich aus vor Lachen.

Mir war nicht wohl in meiner Haut. Ich sollte den echten Victor verständigen. Denn dass dieser nicht echt war, daran gab es keinen Zweifel mehr, wenn man die Hintergründe kannte. Aber trug ich deshalb eine Verantwortung? War ich seines Bruders Hüter?

»Gibt's jemanden, der an mir zweifelt?«, fragte Judas laut. »Nein? Ich will euch trotzdem eine Geschichte erzählen. Eine wahre Starfightergeschichte. Eine Starfighterabsturzgeschichte sogar.«

Er hielt den Atem an, blies die Backen auf und prustete los. Horst legte ihm den Arm um die Schulter und fragte ihn besorgt nach seinem Befinden.

»Mir geht's gut«, rief Judas in den Saal hinein.

»Immer, wenn ich meine alten Kameraden sehe, geht's mir gut. Und jetzt erzähle ich die Starfighterabsturzgeschichte von meinem Freund Uwe Bogisch.«

Und jetzt, dachte ich, rufe ich den Bruder an. So kann's nicht weitergehen. Der muss sich darum kümmern. Ich drückte Wahlwiederholung, hatte Schwester Irmingard in der Leitung und ließ mir Victor geben. Er war gerade angekommen. Ich informierte ihn. Er schien erleichtert und versprach, sofort herzukommen. Dann ging ich in den Saal zurück.

»… das JaboGeschwader 33 nach Deci verlegt. Ich glaub, es war in einem März, und es war saukalt. Der Uwe Bogisch muss damals gerade kurz vor der Beförderung zum Hauptmann gestanden haben, glaub ich.«

Der, der sich Victor Lakota nannte und den alle bis auf einen auch dafür hielten, erzählte eindrucksvoll und mit rollenden Augen – wie einst Klaus Kinski auf der Bühne – von dem Unfall des Oberleutnants Uwe Bogisch am 3. März 1967 über Sardinien.

Wovon ebenfalls keiner außer mir Kenntnis hatte: Der richtige Victor hatte bereits zum Spurt in unser Hotel angesetzt.

Decimomannu

Sardinien, Sardegna, Sonne des Mittelmeers, Perle des Lichts! Armenhaus und Jetset-Ziel. Land der Nuragher, Insel in der Zeit, Ort der unverständlichen Sprache, des hochprozentigen Rotweins, des bleiverseuchten Thunfischs, des überreifen Pecorino mit frischen Maden. Wilder, zerklüfteter, üppiger, karger, zauberhafter kleiner Kontinent. Kontrastiges, hektikfreies Badeparadies, sündhafter Luxus und bittere Armut. Sardegna.

Cagliari, du spröde Haupt- und Hafenstadt. Castello- und Marina-Viertel, Poettostrand, noble Via Manno. Du mediterranes Premierenerlebnis gar mancher NATO-Krieger. Ristoranti, in denen sie die erste Seezunge genossen, den ersten Grappa schluckten. Rinnsteine, an die gelehnt sie den ersten Marsala-Rausch ausschliefen. O Bahn, in der sie zum ersten Mal beklaut, o Bank, in der sie zum ersten Mal betrogen, o Taxi, in dem sie zum ersten Mal gefoltert wurden!

Decimomannu, du reife Heimstadt des Luftkampfs, Göttin der Bodenziele, Ort des Kartenspiels bei strömendem Regen. Weit ausgestreckt liegst du da mit deinen Flächen aus Beton, beherbergst Dutzende waffenstarrender Flugdrachen und Flugdrächlein, lässt nicht ins zahnbewehrte Maul dir blicken, o Sehnsucht eines jeden Eismeerkriegers.

Decimomannu! Der Klang deines Namens schmilzt mir auf der Zunge gar, bleibt mir im Halse stecken, bricht mir das Herz. Deci, da will ich hin, da will ich mit, da muss ich sein, so röhrt es lautstark durch den deutschen Staffelhain. Deci! O Mutter jeden Flieger-Seins!

Militärisch knapp ausgedrückt: Der Militärflugplatz Decimomannu, im Jargon liebevoll Deci genannt, liegt wenige Kilometer nordwestlich von Cagliari, der Hauptstadt der italienischen Region Sardinien. Er wird von etlichen NATO-Luftstreitkräften zu Übungszwecken genutzt (Air Weapons Training Installation), darunter besonders von der deutschen Luftwaffe. Von hier aus üben Kampfflugzeuge in eigens dafür vorgesehenen Lufträumen Luftkämpfe und Angriffe auf Bodenziele.

Um solche Angriffe auf Bodenziele zu üben, verlegt das Jagdbombergeschwader 33 aus Büchel, westlich von Koblenz gelegen, im März 1967 eine Abordnung von F-104G, Flugzeugführern und Technikern nach Deci. Einer der Piloten ist der Oberleutnant Uwe Bogisch.

Anfang März beginnt auf Sardinien die Orangenblüte. Am Ende des Tages wird die Luft zuckrig, und nachts dringt das süßliche Aroma der Blüten durch alle Ritzen in die Häuser, auch in die Räume der Kasernen auf der Flugbasis. Seit Jahrhunderten scheint es so etwas wie eine Unheil bringende Blütenpest zu sein. Der Duft der Orangenblüten wird immer durchdringender, je weiter die Nacht fortschreitet, und obwohl das erste Licht des Tages die Kraft dieses Aromas brechen wird, und die Sonne es am Morgen vertreibt und verbrennt, schleicht sich das Gift während des Schlafs in die Gehirne der Menschen und sogar der Tiere. In den Hafenkneipen erzählt man sich, der Duft mache die Delfine verliebt, und selbst die Haie würden zutraulich und sich manchmal von übermütigen Matrosen küssen lassen. Doch das ist nur eine verhängnisvolle Sinnestäuschung. Selbstverständlich lassen die Raubfische sich ausgiebig küssen, aber nur, um hinterher die Beute hastig zu zerfetzen und zu verschlingen.

Der Duft der Orangenblüten bringt Unheil. Man kann sich diesem Fluch nicht entziehen. Das ist die einhellige Überzeugung aller Sarden.

Ob dieser Fluch aber auch für Ausländer – Italiener, Kanadier, Holländer, Belgier, Deutsche – gilt, das vermögen die Sarden auch später nach dem Flugunfall nicht zu sagen. Und Oberleutnant Uwe Bogisch selbst hat von diesem Fluch noch nie gehört, als er am Morgen des dritten März mit den anderen drei Kameraden des F-104-Schwarms zu seiner Maschine gefahren wird. Uwe ist 26 Jahre alt, hat eine Amerikanerin zur Frau und zwei Kinder zu Hause, ein gutartiges Geschwür an der linken Niere, und er ist Schwabe.

Es ist ein brütend heißer Tag, nicht unüblich für die Jahreszeit. Vom Tower der Basis aus sind die Umrisse der Küste verschwommen zu erkennen. Doch es ist noch viel zu früh, um im Meer zu baden. Über dem Platz wölbt sich ein strahlend blauer mediterraner Himmel. Der Flugplatz ist mit Maschen- und Stacheldrahtzaun gesichert, rings um den Zaun bevölkern Kakteen mit leuchtend roten Blüten die karge Landschaft, deren Eintönigkeit nur von weiten Artischockenfarmen unterbrochen wird.

Doch für diese Arme-Leute-Idylle haben die Piloten der vier Starfighter keinen Blick, als sie in kurzen Abständen hintereinander her zum Start rollen. Sie tragen den Anti-g-Anzug,* um später gegen die extrem hohen Belastungen beim Beschleunigen und im Kurvenflug gewappnet zu sein. Im Geist gehen sie noch einmal die geheimen Abwurfverfahren durch, mit denen die Atombombe anschließend ins Ziel gebracht werden soll. Vier solcher Waffen hängen an der Unterseite des Rumpfs eines jeden Flugzeugs. Sie werden in einem Zeitfenster von maximal fünfzehn Minuten nacheinander abgeworfen. Jede Bombe hat die Sprengkraft von 20 000 Tonnen TNT, das Eineinhalbfache von *Little Boy*, der Hiroshima-Bombe. Geübt werden soll der steile Steigflug nach dem Auslösen, um der Detonationswelle der gezündeten Bombe zu entgehen. Für den Dreißig-Sekunden-Anlauf zum Ziel sind Mut gefragt, Präzision, fliegerisches Können und ein funktionierender Nachbrenner.

Jeder der vier Piloten geht mit breiter Brust an seine Arbeit. Uwe Bogisch ist als Letzter dran.

Er fliegt in etwas mehr als Kakteenhöhe, um simuliert das gegnerische Erfassungsradar zu unterfliegen. Das Ziel erscheint auf dem Bordradar vor ihm. Uwe beschleunigt auf 500 Knoten und drückt die Stoppuhr. Sekunden vor Erreichen des Ziels zündet er den Nachbrenner und zieht die Maschine in einen Sechzig-Grad-Winkel nach oben. Wahnsinnskräfte zerren seine

---

* 1 g entspricht der einfachen Erdbeschleunigung. Bei 5 g wiegt der Körper der Piloten fünfmal so viel wie beim normalen Strandspaziergang.

Gesichtshaut nach unten. Ein schwarzer Vorhang zieht von beiden Seiten zu und verengt sein Blickfeld. »Du bist besoffen!«, meldet sein Gehirn. Doch Uwe hat seit Tagen nichts getrunken. Es ist der Tunnelblick, der ihn bei dieser Kurvenbeschleunigung heimsucht. Doch er ist darauf vorbereitet und presst die Bauchmuskeln zusammen, um das Blut im Oberkörper zu behalten und nicht aus dem Gehirn entweichen zu lassen.

Weitere fünf Sekunden später, immer noch im Steigflug nahe der Schallgrenze drückt er mit dem rechten Daumen den Bombenauslöseknopf am Steuerknüppel. Uwe steigt in seinem Starfighter steil aufwärts in mehr als 2000 Fuß Flughöhe und weiß, dass sich die Waffe im selben Augenblick gelöst hat. In einer Parabel-Flugbahn bewegt sie sich zunächst steigend, dann fallend selbstständig auf das Ziel zu. Wenn sie die 2000 Fuß von oben durchbricht, löst ein barometrischer Sensor den Airburst* aus. Jedes Leben in vielen Kilometern Umkreis wird ausgelöscht, jedes Bauwerk zerstört.

Wäre der Pilot in seinem Flugzeug noch in der Reichweite der Stoßwelle, würde ihn das gleiche Schicksal treffen. Was tut er also? ... Richtig! Er verpisst sich.

Uwe Bogisch rettet sich vor der Detonation, indem er aus dem Steigflug heraus einen halben Looping entgegengesetzt zur Anflugrichtung zieht und dann wieder waagerecht ausrollt. Immelmann wird dieses Manöver genannt. Es ist auch eine Kunstflugfigur.

---

* Luftdetonation über einem Ziel, um maximale Zerstörung anzurichten. Die Atombomben sind bei Übungsflügen natürlich nicht echt. Verwendet werden Fünf-Pfund-Brandbomben, die lediglich mit Rauch die Treffer markieren sollen.

Vier solcher Anflüge und Attacken führt der Starfighterschwarm aus Büchel durch, dann sind die erlaubten fünfzehn Minuten Zeitfenster über dem Schießplatz vorbei. Die ersten sammeln sich und kehren in Formation zum Flugplatz zurück. Zwei weitere Einsätze warten an diesem Tag noch auf sie. Uwe allerdings hat noch etwas vor. Mit dem bisschen verbleibenden Treibstoff soll er für die Towerbesatzung Anflugverfahren üben – auch die Flugsicherung bedarf des Trainings.

Der Sprit wird schon knapp, als er in Grasnarbenhöhe mit 400 Knoten auf den Platz zurast, über die Rollbahn fegt, am Tower vorbei, den Nachbrenner zündet und eine steile Linkskurve einleitet, um möglichst rasch auf 1500 Fuß zu kommen. Er liegt auf dem Rücken, als er ausrollen will und den Nachbrenner abschaltet.

»Da hat es sich plötzlich angefühlt, als ob du mit einem Löffel in der Suppe rührst«, schildert Uwe im Originalton den Zustand. »Keinerlei Reaktion mehr.«

Hätte er in diesem Moment den Schleudersitz betätigt, hätte er sich senkrecht nach unten, dem Boden zu, herausgeschossen. Er rührt also noch ein paar Mal weiter, bis sich sein Flugzeug auf wundersame Weise um die Längsachse dreht und Uwe sich in einer normalen Position befindet. Doch aerodynamisch bleibt der Starfighter flugunfähig. Überzogener Flugzustand nennt man so etwas. In Bodennähe wirkt solch ein Zustand ziemlich tödlich, wenn du nicht in einem Segelflugzeug sitzt. Es gibt nur einen Ausweg: Schleudersitz!

Den zieht Uwe nun mit voller Kraft. Zweieinhalb Sekunden später ist er draußen, die Automatik trennt ihn vom Sitz. Er hängt am Fallschirm und segelt bodenwärts. »Fröhlich pfeifend bodenwärts« (O-Ton Uwe

Bogisch) – bis der Sitz ihn einholt. Was nie und nimmer hätte geschehen dürfen, bei diesem Lockheed-C2-Schleudersitz passiert es. »Shit happens.« Taumelnd will der führerlose hundert Kilo schwere Sitz den hilflosen Mann am Schirm überholen. Doch er verfängt sich in den Fangleinen, schlägt Uwe den Helm, das Visier und einen Teil des Gesichts kaputt.

Der Schirm kollabiert zusehends auf dem Weg nach unten. Mit einem Affenzahn schlingern die drei der Erde entgegen. Der Schirm, der Sitz, der Bogisch.

»Vom Ausstieg bis zum Aufschlag hat es keine halbe Minute gedauert. Die ganze Zeit über hab ich mit beiden Händen den Sitz von mir weggedrückt. Bis wir unten waren. Beim Aufprall hätte der mich sonst hundertprozentig erschlagen.«

Pech im Unglück: Die drei landen gleichzeitig, und zwar in den Kakteen am Flugplatzrand. Die sanfter anmutenden Artischockenfelder sind ein Stück entfernt.

»Wegen der Kakteenstacheln hat mir nachher mein Hintern mehr zu schaffen gemacht als der Kopf.«

Trotzdem: Hätten die Kakteen die Landung nicht abgefedert, wer weiß, wie es dann ausgegangen wäre.

Glück im Unglück: Zwei Bauersfrauen kommen von den benachbarten Artischockenfeldern herbeigeeilt. Ein halbwüchsiges Mädchen begleitet sie. Die drei befreien ihn mit ihren Artischockenlappen von Blut, Angstschweiß, Knochensplittern und den Dreckspritzern an Kinn und Hals. An die Kakteenstacheln im rückwärtigen Teil trauen sie sich nicht heran. Sie schlagen die Hände über dem Kopf zusammen und rufen in unverständlichem Sardisch, das sie mit wilden Gesten unterstreichen: »Widerhaken, Widerhaken, Widerhaken«.

Von den Widerhaken wird Uwe keine Stunde später im Klinikum von Cagliari befreit. Der Rettungshubschrauber war in Rekordzeit mitten zwischen den Kakteen gelandet und hatte den Patienten abtransportiert.

»Im Krankenhaus hab ich zum ersten Mal in einen Spiegel geschaut. Hallo, Frankenstein, hab ich mich begrüßt.«

Das Ende der Story geht so: Wie immer will die Luftwaffe die Ehefrau des Verunglückten informieren. Zwei Offiziere klingeln am gemieteten Haus der Bogischs. Niemand öffnet. Das Haus ist leer, denn Lobina Bogisch hält sich bei ihrer Schwester in Düsseldorf auf. Das herauszufinden und sie dort aufzutreiben kostet Zeit. Schließlich aber stellt Franz Josef Strauß, der Verteidigungsminister persönlich, seinen Jetstar zur Verfügung, um Lobina zu ihrem Mann nach Sardinien zu bringen und die beiden anschließend von Cagliari ins Bundeswehrkrankenhaus nach Koblenz zu fliegen. Komplizierte Eingriffe, Operationen und Transplantationen folgen.

»Drei oder vier Generalärzte haben sich um mich gekümmert. Es war toll.«

Bis auf eine Narbe an der Stirn ist nichts geblieben (über die Kakteenfolgen gibt es keine Angaben).*

Judas Lakota beendete seine Erzählung mit einer Verbeugung, wildem Augenrollen und heftigem Räuspern. Doch entweder war ihm die Story zu lang geraten oder die Zuhörer kannten sie bereits. Judas blieb jedenfalls

---

* Anm. des Verfassers: Im Dezember 1982 habe ich mit Uwe Bogisch meinen Last Flight auf der F-4 Phantom gemacht.

für seine Begriffe unbeachtet. Selbst den beiden Damen waren die Äuglein zugefallen. Das konnte er unmöglich auf sich sitzen lassen!

»Darf ich noch einen Augenblick um Ruhe bitten!«, forderte er den Saal auf. »Ich möchte noch einen Unfall schildern.«

Die Stimmung näherte sich jenem Punkt, an dem jemand gebuht oder gezischt oder eine Waffe auf den Vortragenden gerichtet hätte. Ermüdet standen oder saßen oder lehnten die Kameraden mit ihrem Glas in der Hand herum.

Glücklicherweise waren Gelb- und Grünhutzel aus ihrem Intermezzoschläfchen erwacht.

»O ja, bitte!«, riefen sie im Chor. Das genügte.

»Es geht um den Flugunfall von Major Becker am 17. November 1971. An diesem Mittwoch war in der Ersten Staffel des Jagdgeschwaders 71 in Neuburg ...« Judas hielt inne. Er hatte den verständnislosen Blick einer der Damen erhascht.

»... Neuburg an der Donau«, ergänzte er. »Nördlich von München. Also, es war Nachtflug angesetzt. Alles lief gut. Nur Dieter Becker hatte Radioausfall ...« Judas lächelte seinem Zweierpublikum verständnisvoll zu. »... also Ausfall der Funkverbindung. Gut, es war Nacht. Doch der Major hatte Zugriff auf die gesamte Navigation, das Wetter war okay, er hatte lediglich keinen Kontakt zur Bodenstelle. Becker musste also nach Sichtflugregeln landen. Den Flugplatz und die Rollbahnlichter muss er schon von Weitem gesehen haben. Sein Gleitpfad war bis auf den letzten Teil auch im grünen Bereich. Im letzten Part des Landeanflugs jedoch, im Endanflug kurz vor der Landung, berührte Dieter Becker mit der Tragfläche einen Baum. Er war viel zu tief. Vielleicht hat er das Unglück kommen sehen, es aber nicht mehr vermeiden können. Sein Starfighter prallte gegen den Boden und explodierte.«

Judas breitete die Arme weit auseinander und machte »Pfffhhh«.

»Warum er zu tief war, konnte nie richtig geklärt werden. Es blieb rätselhaft. Becker hinterließ eine Frau und ein dreijähriges Zwillingspärchen ...«

»Judas!«, donnerte eine Stimme durch den Raum.

Ein Glas fiel zu Boden. Tässchengeklapper. Stille.

»Hör auf damit!«

Victor stürzte herein. Die Lakota-Ähnlichkeit war unverkennbar.

Sein Bruder wurde zuerst blass, dann schoss ihm schlagartig das Blut ins Gesicht.

»Ich ... ich ... wollte sowieso gerade aufhören.«

Es folgte eine längere Erklärung, die im allgemeinen Staunen und Rätseln unterging.

Gut, dass ich den Staffelkapitän vorher informiert hatte. In mitfühlenden Worten schilderte er die Situation und beruhigte so die Gemüter. Nachteil: Die Beruhigung dauerte bis in die frühen Morgenstunden. Bis zum Abwinken wurde gestartet und gelandet, gekreist und abgefangen, wurde geloopt und der Immelmann gemacht.

Judas und sein Lieblingspublikum hatten ihren Spaß. Gegen halb fünf und nach fünf weiteren Sherrys zogen die Damen sich zurück.

Intermezzo Schleudersitz

Für den Kampfpiloten ist der Schleudersitz das letzte Mittel. Ein Live-Training damit gab es nicht. Oft wurden wir danach gefragt. Die meisten Piloten mussten sich glücklicherweise nie herausschießen. Sie wussten aber genau, was im Notfall zu tun war und wie es ablief. Der Absprung selbst wurde nur simuliert. Man munkelte, dass auf diese Weise der Respekt vor dem echten Ausstieg bei uns jungen Piloten erhalten bleiben sollte.

An der Fallschirmjägerschule in Schongau/Allgäu mussten wir einen Turm erklettern, der gefühlte 200 Meter hoch war und von dort – von einem Ausbilder sanft in den Rücken gestoßen – mit dem Fallschirm am Rücken herunterspringen. Ein Stahlseil fing uns auf, und wir glitten sanft nach unten, bis wir wieder festen Boden unter den Füßen hatten. Dieser Sprung vom Turm erfordere mehr Schneid als der echte Sprung aus einem Flugzeug, versicherten uns sogar gestandene Fallschirmjäger.

In Fürstenfeldbruck am Flugmedizinischen Institut stand der Ejection-Trainer, ein nettes Spielgerät. Es simulierte den Vorgang des Ausschusses bis hinauf in 200 Fuß Höhe. So weit ragte die Schiene in den Himmel, an der entlang man nach Auslösen der Sprengladung mit 7–8 g schräg nach oben katapultiert wurde.

Doch das alles konnte natürlich den echten Live-Rettungsausschuss, wie im Fall von Uwe Bogisch, nicht realistisch darstellen. Dessen Schleudersitz war der C2 von Lockheed, den die Luftwaffe zusammen mit den ersten Starfightern eingekauft hatte. Er erwies sich im Ernstfall als gravierendes Problem.

Zum einen öffnete sich nach dem Ausschuss (engl. bail-out) der Fallschirm nur dann rechtzeitig, wenn eine bestimmte Mindestgeschwindigkeit, nämlich rund 60 Knoten, erreicht war. Zum anderen hatte der Pilot unterhalb von 400 Fuß Flughöhe ebenfalls keine Chance, denn der Sitz respektive der Fallschirm versagte in beiden Situationen seinen Dienst. Gerade in kritischen Phasen, also beispielsweise bei Start oder Landung, durfte demnach nichts passieren. Und wenn es zum Bail Out kam, verfolgte das Ungetüm von einem Sitz oftmals seinen Herrn, so wie es bei Uwe Bogisch der Fall war. Er wirbelte, trudelte oder taumelte hinterher und verletzte oder erschlug den, den er retten sollte. Der Grund: Der Stuhl wurde instabil, sobald er das Flugzeug verlassen hatte.

Die Luftwaffen Dänemarks, Belgiens, der Niederlande, Griechenlands, Italiens und Deutschlands verwendeten diesen C-2-Sitz von Lockheed, und in allen Fällen hat er den Tod etlicher Flugzeugführer verursacht.

Deshalb – und auf Druck der Piloten – wurde der C-2 ab Ende 1967 gegen den britischen Martin-Baker-Sitz ausgetauscht. Dieser wies die sogenannte Zero-Zero-Tauglichkeit auf, das heißt er konnte seinen Piloten noch aus einer am Boden stehenden Maschine – null (zero) Geschwindigkeit und null Höhe – retten. Auch in sehr großen Höhen und bei hohen Fluggeschwindigkeiten brauchte der Flugzeugführer nicht um sein Leben fürchten.

Es geschah allerdings einmal, dass ein Flugzeugtechniker bei Wartungsarbeiten versehentlich den Sitz auslöste. Da war selbst Martin Baker machtlos. Der arme Wart überlebte den Aufprall am Hallendach nicht.

Der Martin Baker verfügte gegenüber dem C-2 zusätzlich über einen Raketentreibsatz, der den Piloten nach dem Auslösen weg vom Flugzeug beförderte. Der Sitz wurde danach in der Luft von einem eigenen kleinen Bremsschirm stabilisiert. Die Sitz-Mann-Trennung erfolgte somit problemlos.

Zuvor schon hatte eine eingebaute Sprengladung das Cockpitdach abgeworfen, nachdem der Pilot den Abzugsgriff gezogen hatte. Im selben Augenblick wurden Arme und Beine von sogenannten »Beinrückholgurten« an den Sitz gezogen, damit sie nicht von der Cockpit-Reling verletzt wurden. In genau definierter Höhe zog ein Hilfsschirm den Hauptfallschirm aus der Sitzpackung, lösten sich die Gurte vom Piloten, zog der Öffnungsdruck des Hauptfallschirms den Piloten aus dem Sitz. Eine barometrische Vorrichtung sorgte dafür, dass der Pilot in größeren Höhen oberhalb 15 000 Fuß vorerst mit dem Sitz und damit dessen Sauerstoffversorgung verbunden blieb. In geringerer Höhe bis Zero erfolgte die Trennung sofort nach dem Ausschuss.

Der Pilot saß bei jedem Flug sehr komfortabel auf einem Notausstattungsbehälter – englisch *survival kit* –, der in den Schleudersitz integriert war. Darin befanden sich die Überlebensausrüstung: Ess- und Trinkration, Meerwasserentsalzungstabletten, Messer, Blinkspiegel, Angelhaken u. Ä. und das Schlauchboot. Das Kit blieb über eine Leine auch nach dem Bail-Out mit dem Piloten verbunden, das Schlauchboot wurde automatisch aufgeblasen.

Mit der Trennung wurde ein Notfunksender aktiviert, der den Notfall über alle Frequenzen quasi ins Weltall sandte. Dies ermöglichte gezielte Rettungsaktionen auch dann, wenn der Pilot bewusstlos war.

Alle diese Rettungssysteme waren allerdings im Fall meines Freundes Joe Adam (siehe oben) ausgefallen!

Der nackte Stahlsitz fiel anschließend ungebremst zur Erde. Meines Wissens hat dabei keiner jemals Schaden angerichtet.

Die zweisitzigen Trainerversionen TF-104G wurden darüber hinaus mit einem automatischen Ausschussfolgesystem nachgerüstet. Dieses stellte sicher, dass bei Aktivierung beider Schleudersitze der hintere zuerst aus der Maschine katapultiert wurde und der vordere in einem zeitlich festgelegten Abstand folgte, damit eine Kollision der Sitze in der Luft vermieden wurde. Ich meine mich sogar zu erinnern, dass der eine in einer Linksneigung, der andere nach rechts ausgeworfen wurde.

Nachdem bis 1970 der neue Schleudersitztyp eingeführt worden war, sank die Zahl der tödlichen Starfighter-Unfälle deutlich. Wenn der Pilot im extremen Notfall den Abzugsgriff zog, hatte er mit dem Rettungssystem Martin Baker eine fast hundertprozentige Überlebenschance.

Stromausfall

Da standen sie nun, die drei, mitten im Musikzimmer des Hotels Müggelsee in Berlin-Köpenick. Mitten unter den Cactus-Fliegern. Victor Lakota filmreif im grauen Anzug mit Krawatte, gekämmt, gewienerte Schuhe und glatt rasiert, Konrad »Judas« Lakota reif für die Insel, schlampig, in seiner depressiven Phase und übelriechend, und Erwin Lakota, manische Phase, zerzaust, hängende Zunge, glückliche Triefaugen.

Ich hatte den Horstl »über die Lage in Kenntnis gesetzt« – wie wir uns im Generalstab auszudrücken pflegen –, und der hatte den Rest der Bande informiert. Aufgedreht, wie wir alle waren, und aus einer altersmäßig gelassenen Haltung heraus wurde das ganze Verwirrspiel nicht als Problem gesehen. Im Gegenteil. Victor war unser Kamerad, Konrad und Erwin empfanden wir als unsere willkommenen Gäste.

Das galt auch für die beiden Hutzeldamen, die, nachdem es immerhin schon fast zwei Uhr Früh war, lächelnd über ihren leeren Manhattan- und Tequila Sour-Gläsern eingenickt waren. Sie sahen aus wie freundliche Mumien. Ebenso filmreif.

Ich hatte kein Verlangen, mein Cactus-Starfighter-Wochenende nur mit diesen schrägen Typen zu verbringen. Die Lakota-Bande konnte mir eh egal sein. Ich setzte ein freundliches Gesicht auf und näherte mich so rasch wie möglich der Gruppe um Franzl Schnell.

Eine halbe Stunde zuvor hatte ich mir den Magen mit der heißen Gulaschsuppe vollgeschlagen, die das Hotel jederzeit servierte, und zwei Scheiben lausigen Graubrots dazu gegessen. Nun rumpelte es ganz erbärmlich in meinem Bauch. Den mannshohen Kupferkessel, der in der Ecke stand, bemerkte ich erst jetzt. Eine Myrte mit mattgrünen Blättern und weißen Blüten kroch über seinen Bauch, und die Luft war plötzlich erfüllt vom Duft des wilden Anis.

Es war ein tolles Gefühl. Da hingen um die 200 alte Herren herum, jeder ein angeblich ehemaliger Todgeweihter, und vergnügten sich einfach dadurch, dass sie zusammen waren und das Gefühl hatten, alle aus demselben Nest zu stammen. Es gab keine Rangunterschiede, keinen Neid, keinen Streit, keine Eifersucht. Nach der Luftwaffenzeit hatte der eine dies, der andere jenes gemacht, andere waren dabei geblieben und mit 58 oder 62 Jahren pensioniert worden. Morgen oder übermorgen würden sie wieder auseinanderdriften, und alles würde dann wie vorher sein: ihre Familien, die Nachbarschaft, die Wohnorte, die Kreise, in denen sie dort verkehrten, die Ehrenämter, welche die meisten von ihnen bekleideten. Doch dieses Wochenende würden sie nie vergessen. Es war wie ein Geschenk – losgelöst in die Vergangenheit.

Zwei Tage zuvor hatte Konrad Lakota wieder einmal die zweite Woche ohne Alkohol hinter sich gebracht. Das Jucken und Kribbeln, das er dann immer am ganzen Körper spürte, war bereits am Abklingen, ein Zeichen, dass es besser ging. Die Phase der Nächte, die er ohne heftige Schweißausbrüche durchstehen konnte, begann. In der Frühe stand er ausgeruht auf und war voller Tatendrang. Die Momente, die er »die spinnerten« nennt, begannen seltener zu werden.

Pah, Schizophrenie! Sollten sie doch glauben, was sie wollen. Sollte Victor doch seinen Träumen vom arg gebeutelten Bruder nachhängen. Im Übrigen hörte Konrad aus Victors Tonfall immer wieder heraus, für wie dumm und verblödet er ihn hielt. Im Grunde war Victor, wie Konrad fand, kein sehr freundlicher oder großherziger Mensch. Er fand ihn auch nicht besonders charismatisch. Aber er war immerhin sein Bruder. Wie auch immer. Er, Konrad, spielte sein Spiel, führte ein vergnügtes Leben und ließ sich von Victor gängeln und versorgen. Diesen Didi Loy hatte er im Vorübergehen vernascht, naiv, wie der war. Der Einzige, der Konrad wirklich kannte, war Erwin, aber der hielt das Maul.

Konrad hatte Übung im Aufhören. Jedes Stadium bis zum dritten Monat ohne Alkohol war ihm vertraut. Am vierten oder fünften Tag überkam ihn die Euphorie. Das hatte ihn auch dazu getrieben, seinem Bruder bei den Starfightern die Schau zu stehlen. Konrad pflegte an Victors Lippen zu hängen, wenn der aus seiner Pilotenzeit erzählte, und das tat er oft. Da prägte er sich jedes Wort ein. Und er konnte die Geschichten weitererzählen, als wäre er selbst der Pilot. Aber diesen unbeschreiblichen Taumel, in dem er sich diesmal befand, den hatte er noch nie zuvor gespürt.

Seine Klamotten waren so gut wie neu gewesen, als er sie daheim ausgewählt hatte. Doch er hatte sie zugerichtet, bis sie sehr gebraucht aussahen. Und alle haben ihm geglaubt. Alle. Der Loy und die Irmingard hatten ihm sogar die Show mit der Thrombose abgenommen. Nicht umsonst hatte er die Waden wie blöd an das Untergestell des Fernsehsessels geschlagen. Nur etwas weniger auffällig hätte es sein können. Aber dieser Loy, und auch die anderen ... sind einfach zu naiv. Die merken einfach nichts. Im Grund konnte ihm keiner das Wasser reichen – höchstens Erwin.

Okay, Victor hatte ihn wieder eingeholt. Das Spiel war vorüber. Spielt eben jeder wieder seine eigene Rolle. Victor spielt den Wichtigen. Loy spielt den Beschwichtiger. Und er, Konrad, den Schizophrenen. Den, der nicht alle Tassen im Schrank hat, den Harmlosen, Bedauernswerten. Dabei hatten sie alle keine Ahnung, auch Victor nicht, dass er, Konrad, selbst jahrelang den Starfighter geflogen hatte. Er kannte schließlich jeden Schalter, jedes Instrument, wusste, wo jede Scheiß-Sicherung für jede Scheiß-Anzeige und das Scheiß-Radio steckt – etwas, was die alle nicht mal wussten, als sie noch aktiv waren. Er, Konrad Lakota, wusste, warum damals so viele abstürzten, kannte die Gründe, könnte sie regelrecht herunterbeten – wenn man ihn nur fragen würde. Er, Konrad Lakota, kennt alle Unfälle, hat alle Daten im Kopf. Zum Beispiel ...

Das Licht im Hotel Müggelsee erlosch schlagartig, als hätte jemand den Stecker gezogen.

»Typisch Ostzone«, hörte er Victors Stimme aus der Dunkelheit. Aus der Flügel-Ecke war ein leiser Aufschrei zu hören. Etwas Gläsernes fiel mit einem berstenden Geräusch zu Boden. Dann ein nervöses Hüsteln. Sonst war es mucksmäuschenstill im Raum. Die Spannung vor dem Hellwerden. Konrad Lakota ließ sich einfach zu Boden sinken, legte die Arme um die Knie und bettete die Stirn darauf. Er konnte warten. Zum Beispiel könnte er nachher von seinem eigenen Unfall erzählen, den Unfall mit seinem Starfighter, der ganz Südnorwegen in Finsternis versinken ließ.

Sie sind auf dem Flugplatz Rygge zwischengelandet. An jenem Morgen schneit es, als Keule Schaumberg und er in ihrer roten Fliegerkombi im Offizierscasino sitzen und sich Berge vom Frühstücksbuffet auf den Teller häufen. Violetter Fischsalat, bräunlich gebeizter, geräucherter und gepfefferter Hering, Appetitsild, Wurstscheiben, Toast und Tyttebaer-Marmelade. Die damals noch verbreitete Deutschfeindlichkeit der Norweger dringt durch alle Ritzen und ist auch in diesen sonst gastfreundlichen Hallen zu spüren.

Ein Wind vom Meer treibt dicke Schneeflocken gegen die Fensterscheiben, wo sie schmelzen und kleine Rinnsale bilden. Hinter dem Flugplatz zieht sich eine hügelige Landschaft bis zur Küstenlinie des Oslofjords hinunter. Seewind jagt die Flocken unaufhaltsam über die Hügel auf den Platz, und Schnee senkt sich lautlos und unerbittlich auf die im Freien geparkten Flugzeuge. Es wird dauern, bis sie vom Schnee befreit und enteist sind. Erst am späten Vormittag, so weit Konrad sich erinnern kann, kommen sie endlich zum Start. Keule vorn, er als Nummer Zwei an dessen Fläche.

Im Tiefflug geht es entlang der Westküste, das Wetter ist okay. Hohe Wolkenuntergrenze, passable Sicht, so um die fünf, sechs Kilometer. Vereinzelte Schneeschauer. Vorbei an Stavanger, sie passieren Bergen, besichtigen Trondheim aus 2000 Fuß über Grund und machen sich wieder auf nach Süden, wo in einem Fjord an der Südspitze Norwegens – dort, wo der Hund auf der Landkarte die Schnauze hat – ihr nächstes Übungsziel liegt. Der Fjord heißt Alivdalenfjord, und das Ziel ist ein Wasserkraftwerk mit darüber gelegenem Staudamm.

Es ist der Traum eines jeden Jetpiloten, sich mit elegantem Abschwung in den Fjord einzufädeln. Es dauert nicht länger als die Zeit, die man benötigt, um die Flugkarte auf dem Kniebrett zu wenden, um sich von gut 2000 Fuß auf weniger als 500 Fuß, die Mindestflughöhe über Wasser, fallen zu lassen. In solchen Momenten durchflutet dich ein Gefühl der Freiheit, des Abenteuers, ungeahnte Wellen des Glücks. Hätte man nicht die Sauerstoffmaske vorm Gesicht, könnte man vor Glück jubeln – solange nichts passiert.

Allein die Art des Angriffsziels hätte Konrad und Keule warnen müssen. Ein Wasserkraftwerk dient zur Stromerzeugung. Generatoren werden von fließendem Wasser gespeist und erzeugen Strom. Wie wird dieser Strom verteilt? Natürlich über oberirdische Leitungen, die zwischen hohen Masten hängen.

Sind diese Hochspannungsleitungen in unsere Fliegerkarten eingezeichnet? Nein, natürlich nicht. Und genau das ist das Problem. Shit happens!

Keule Schaumberg durchschneidet das Kabel als Erster. Konrad hätte es sicher ebenso durchschnitten, wäre es noch vorhanden gewesen. Keule löst den Schleudersitz aus, schießt sich heraus und landet naturgemäß im Bach.

Konrad hat Mühe, ihn nicht über den Haufen zu fliegen und kommt nur unter Einsatz des Nachbrenners und einer wilden, steilen Fünf-g-Rechtskurve unbeschädigt aus dem engen Fjord heraus.

Er meldet den Unfall auf der Notfrequenz, die Rettung wird sofort eingeleitet, die beiden Deutschen überleben den Crash unversehrt. Das Wrack der Maschine wird nie geborgen.

Doch ganz Südnorwegen ist für mehr als zwei Tage komplett von der Stromversorgung abgeschnitten. Der Vorfall wird von den norwegischen Medien behandelt, als sei das Land aufs Neue von Hitler-Deutschland überfallen worden. Begriffe wie »Invasion«, »Blitzkrieg«, »Nazi«, »Quisling« gehen für Wochen durch die Presse. Deren Hysterie gipfelt in der Forderung, die beiden deutschen Kampfpiloten als POW's* zu behandeln. Etwas Ruhe kehrt erst ein, als die Bundeswehr sich bereit erklärt, für den Ausfallschaden aufzukommen.

Als das Licht im Hotel Müggelsee wieder anging, wachte Konrad Lakota auf wie aus einem Traum. Er schüttelte sich, klopfte den Staub von der Hose und stand auf.

Um ihn herum ging alles seinen normalen Gang, als wäre nichts gewesen. Die Männer hatten sich vor ihrem Pils an den Bistrotischen versammelt, hingen an der Bar oder standen einfach herum und unterhielten sich, Hände lässig in den Taschen. Horst saß am Flügel und spielte einen Song von Nat King Cole. Konrad lag der Titel auf der Zunge, doch er wollte ihm nicht einfallen. Die flotte Bedienung brachte volle Biergläser und räumte leere weg. Sie nahm weitere Bestellungen auf und wischte abgezählte Beträge in ihr großes Portemonnaie unter

---

* Übliche Abkürzung für »Prisoner of War« = Kriegsgefangener

der weißen Servierschürze. Auf das Tischchen am Flügel stellte sie eine Vase mit drei Sonnenblumen. Doch die Damen Grün- und Gelbhutzel waren bereits aufgestanden und schienen aufbrechen zu wollen.

Konrad bestellte sich eine Berliner Weiße mit Himbeerschuss. Victor würde wie immer dafür aufkommen. Ohne seinen Zwillingsbruder zu sehen, spürte er doch dessen Blick in seinem Nacken.

Unforgettable! Jetzt fiel ihm der King-Cole-Titel wieder ein.

In diesem Augenblick realisierte Konrad, dass nicht er den Norwegenflug in der *Gustav* gemacht hatte. Dass nicht er es war, der beobachtete, wie Keule Schaumberg sich herausschoss. Auch war nicht er es gewesen, der am Frühstücksbuffet gestanden, sich den Teller gefüllt und mit dem Fischsalat die Kombi bekleckert hatte. Doch er hatte Victor so oft dazu gebracht, die Norwegen-Story zu erzählen, dass sie ihm selbst in Fleisch und Blut übergegangen war. Sie war zu seiner Lieblings-Starfighter-Geschichte geworden, die er ohne mit der Wimper zu zucken im selben Tonfall und mit den gleichen Worten wie Victor wiedergeben konnte.

Ein Lächeln breitete sich auf Konrads Gesicht aus. Er drehte sich um. Victor stand mit Schnell und Regensburger zusammen und gestikulierte, während sein Blick auf Konrad ruhte.

Konrad sah das Weiß von Victors Augen im Halbdunkel. Ein Gefühl großer Zärtlichkeit überkam ihn. Er machte ein paar Schritte auf seinen Bruder zu und legte ihm einen Arm um die Schulter.

»Schön«, sagte er, »dass du mich mitgenommen hast.« Dann, als ob er sich schämte, zog er seinen Arm wieder zurück und ließ den Blick über Victor streichen. Dazu grinste er breit und zeigte die gelben Zähne.

»Du hast einen Fleck am Revers, Bruder«, sagte er. »Wie damals in Norwegen.«

In der Nacht quälte Konrad sich immer noch mit der Frage herum, ob der Norwegenflug wirklich unter seiner Beteiligung stattgefunden oder ob er nur geträumt hatte. Er kam zu keinem rechten Ergebnis.

Abgesang in der Presse auf eine Ära. Die letzten F 104 G Starfighter wurden 1991 ausgemustert und durch Tornado-Jagdbomber ersetzt.

Happy Hour

Schlaf ist für den Menschen das, was das Aufziehen für die Uhr ist, sagt Arthur Schopenhauer. Wenn das stimmt, ging meine Uhr am folgenden Sonntag kräftig nach. Erst nach Minuten war mir aufgefallen, dass ich meine Hosen nicht anbekam. Ich hatte vergeblich versucht, sie über den Kopf zu ziehen. Anders ausgedrückt: Mir ging's gar nicht gut.

Allmählich tröpfelten alle Helden in den Frühstücksraum, in die Halle, ins Musikzimmer ein. Vorher hatte man sich im Garten zwischen Blumen und unter Bäumen getroffen und frische Luft geschnappt. Der eine oder andere war schon abgereist. Doch wie immer gab es einen harten Kern, und der blieb bis zum bitteren Ende. Darunter auch Victor und Konrad Judas Lakota.

Die kleine blaue Couch in der Ecke gegenüber dem Flügel hatte ich bisher nicht bemerkt. Es war ein Zweisitzer mit Lederbezug. Bevor etwa die Hutzel-Twins wieder auftauchten und sich breitmachten, wollte ich sie in Beschlag nehmen. Ich nahm all meinen Mut und Gleichgewichtssinn zusammen, um hinzufinden und mich zu setzen. Dabei musste ich feststellen, dass der Akt des Sichhinsetzens mit einem weitgehenden Kontrollverlust verbunden war. Es war eher ein blinder freier Fall nach hinten. Ich zählte darauf, dass die Couch solide genug war, um mich aufzufangen, wenn ich mich vertrauensvoll rückwärts fallen ließ. Schließlich stand ich mit dem Rücken zu dem Sitzmöbel und zögerte. Meine Knie waren leicht angewinkelt, gerade so weit, wie mein Zustand es eben zuließ, und ich rührte mit unkontrollierten Bewegungen hinter mir in der Luft herum. Ich hatte einfach Angst zu fallen. Dabei wurde mir bewusst, dass es etwas Obszönes hatte, so bebend in der Hocke dazustehen, etwas, das an Männerklos erinnerte. Kurz, ich hielt es für würdelos. Also schloss ich die Augen und ließ mich mit angelegten Armen fallen. Ich landete auf dem Hintern. Doch nicht nur das. Ich fiel noch weiter rückwärts, rollte ab und blieb vor der blauen Zweisitzerledercouch mit den Knien in der Luft auf dem Rücken liegen.

»Alles in Ordnung, Didi?«, rief Judas. Oder Konrad.

Ich musste eine Erklärung abgeben, wenn man mich nicht komplett abschreiben sollte.

»Ich werde aus diesem Möbel nicht schlau«, rief ich in die versammelte Menge, während ich mühsam versuchte, mich wieder aufzurichten und energisch und kontrolliert zu klingen. »Soll das denn tatsächlich ein Sofa sein?«

»Hihihihihi! Niedlich!«, ertönte es im Koloratursopran vom Eingang her. »Der Mann ist auch noch nicht nüchtern!« Die Hutzel-Twins!

Wieder einmal hatte ich mit den Folgen allzu intensiven Barlebens zu kämpfen. Kaum war ich mit den alten Kumpels zusammen, fiel ich wieder der Versuchung anheim, zu tief ins Glas zu schauen. Doch Barleben, das hatte bei uns Tradition.

Die Bar war der Mittelpunkt des sozialen Lebens in einem Geschwader. Dort traf man sich nach Dienst, um Kontakte zu pflegen, Erfahrungen auszutauschen, fachzusimpeln oder schlichtweg zu feiern, Karten oder Dart zu spielen. Ich kenne keine andere Berufsgruppe, die sich so gern und so häufig bei einem Glas Bier oder Wein traf, um miteinander zu reden. Die Erste mit der Zweiten Fliegenden Staffel, die Technik mit der Standortverwaltung, die Flugsicherung mit der Feuerwehr, der Meteorologe mit dem Wachoffizier, der Logistiker mit dem Leiter der Sporthalle. Vorgesetzte und Untergebene waren sich hautnah, es gab kaum Reibereien. Statt zu telefonieren oder zu schreiben, wurden Probleme häufig in Gesprächen oder Plaudereien an der Bar gelöst.

»Hey, lass uns nachher in die Bar gehen. Da können wir reden.«

Klar, ein Bier löst die Zunge, doch Alkohol war dabei kein Muss und kein zentraler Punkt. Nicht wenige tranken überhaupt keinen Alkohol.

Frauen – außer den eigenen Damen – waren in den Kasinos und damit an der Bar tabu. Nicht dass wir etwas gegen das weibliche Geschlecht gehabt hätten. Doch die Bundeswehr jener Zeit war eine reine Männergesellschaft. Frauen existierten nur im Privatleben. Zum Soldatenberuf hatten sie noch keinen Zugang, nicht einmal in der zivilen Verwaltung. So wurde auch unser Pils von Soldaten in Uniform gezapft, den Ordonnanzen. Bei Wehrpflichtigen war dieser Job sehr begehrt. Es war was los, und Trinkgeld lag in der Luft. So sehr wir uns auch manchmal gewünscht hätten, dass eine vollbusige Blondine sich hinter der Bar nach der Flasche Wein gebückt oder den Zapfhahn repariert hätte – es stand dort »nur«

der Obergefreite Schmalfuß mit der Nickelbrille und lächelte uns freundlich an.

Offizieller Dienstschluss war montags bis freitags um 17.03 Uhr. (Woher wohl die drei Minuten kamen?) Das klingt beamtenmäßig, doch in der Früh um sieben hatten wir schon auf der Matte gestanden und unser Einsatzbriefing absolviert. Und danach – wenn wir Glück hatten – saßen wir im Starfighter. Für diejenigen, die zum Nachtflug eingeteilt waren, galt die Siebzehn-Uhr-Regelung natürlich nicht.

Die Kasinobar hatte Tradition. Eine amerikanische Officers' Mess ohne Bar wäre wie ein Flugzeug ohne Triebwerk. Sie war der Motor des geselligen Lebens. Und viele von uns waren in den USA geschult und vom American way of life geprägt worden.

Von den Amerikanern hatten wir auch die Happy Hour, die glückliche Stunde, übernommen. Die Happy Hour begann in aller Regel nach Dienstschluss, in unserem Fall um fünf, und endete eine Stunde später um sechs Uhr. In dieser Zeit gab es alle Getränke zum halben Preis, oder es wurde Naturalrabatt geboten: »Zahlen Sie eines, trinken Sie zwei.« Oder eine symbolische D-Mark für jedes Getränk.

In jenen Tagen gab es legendäre Geburtstagsfeiern in und an der Bar. Stellen Sie sich vor, Sie wären Pit Vogler gewesen, dem im Zweisitzer das Triebwerk ausfiel, der seinen Copiloten mit dem Schleudersitz herausschießen ließ und wenig später selbst im Eiswasser der Nordsee landete. Oder Sie wären wegen eines geplatzten Reifens von der Rollbahn abgekommen und hätten Ihr Flugzeug ins regennasse, versumpfte Gras gesetzt, ohne dass es explodierte. Wären Sie dann – mal ehrlich! – ohne

Weiteres zur Tagesordnung übergegangen? Hätten Sie übergangslos Ihr Auto zur geplanten Inspektion gebracht oder sich an die fällige Einkommensteuererklärung gemacht?

Bei uns wurde dergleichen als Geburtstag gefeiert! Alle waren eingeladen, und das Geburtstags- bzw. Glückskind bezahlte. Da war dann der reduzierte Preis der Happy Hour sehr willkommen. Meist artete es ohnehin nicht zur Sauferei aus, denn am nächsten Tag wurde wieder geflogen. Diese Art Geburtstag war wie ein kleiner Dankgottesdienst der anderen Art.

Als ich mit 43 Jahren die Luftwaffe verließ und in einen Zivilberuf wechselte, vermisste ich neben dem Fliegen zwei Dinge: den Hallenfußball mit den Kameraden am Montagabend und vor allem das After-Work-Bier, wie es heute heißt. Man trug seine Probleme nicht nach Haus, man wurde sie an der Bar los. Man war entspannt, wenn man die Klinke drückte und Frau und Kindern gegenübertrat. Man hatte Abstand gewonnen.

God save the bar!

Diva

Das Wetter an diesem Sonntagmorgen war durchwachsen. Es war warm, und der Müggelsee lag in grünem Dunst, darüber eine lockere Wolkendecke. Das heisere Krächzen der Krähen drang durch die Fenster des Musikzimmers und überlagerte das Zwitschern der Singvögel auf dem Dach. Dazu roch es schwach nach der Gulaschsuppe von gestern.

»Typisch Ostzone«, maulte Konrad Lakota. »Die haben nie gelernt, wie man lüftet.«

Er war sich sicher, mit seiner Bemerkung voll und ganz im Sinne seines Bruders zu handeln. Der beeilte sich dann auch, Judas mit einem lebhaften Nicken beizupflichten.

Die Gespräche der fast vollzählig Versammelten drehten sich, obwohl unausgeruht, noch einmal um die häufigsten Ursachen, die Mitte der Sechziger zu der verhängnisvollen Absturzserie geführt hatten.

»Es gibt eben nicht nur eine einzige Ursache, die man verantwortlich machen kann«, begann Franz Schnell. »Fast immer waren es mehrere Faktoren, die zusammenwirkten und zu einem Unfall führten. Einen immer wiederkehrenden Kardinalfehler der *Gustav*, der alle oder auch nur mehrere Abstürze erklären könnte, gab es nicht. Ganz anders beim Schleudersitz. Da kann man getrost, was tödliche Ausschüsse angeht, mit dem Finger auf den C-2 zeigen.«

Der Kaffeeverbrauch war enorm. Die alten Herren tranken eine mittelgroße Plantage leer.

Der lange Regensburger nickte. Er war eine Zeit lang FSO (Flugsicherheitsoffizier) in seinem Geschwader gewesen, ein undankbarer Job. »Alles in allem dominierten die Ursachengruppen der technischen Fehler mit geringem Vorsprung vor menschlichem Versagen.«

Da war sie wieder, diese einseitige Auslegung, die letztlich den Piloten zum Deppen machte. Das regte mich maßlos auf.

»Ihr mit euren Statistiken«, giftete ich Regensburger an. »Fiel ein System aus und hat der Flugzeugführer in seiner Notsituation falsch reagiert, weil es halt auch um sein nacktes Leben ging, habt ihr das als *pilot's error* gewertet. Der Unfall wäre aber erst gar nicht geschehen, wäre nicht zuvor das technische Teil ausgefallen.«

Ich musste vor Zorn einen roten Kopf bekommen haben. Denn Regensburger schaute mich erschrocken an und machte den vergeblichen Versuch, das weiße Gestrüpp auf seinem Kopf zu ordnen.

Neben ihm stand der Horstl, hatte die Hände in die Hüften gestützt und sah aus wie in seinem Kiosk in Nordfriesland. Es fehlte nur die Lederschürze. Er kam mir zu Hilfe.

»Die Flugzeuge standen zu Beginn ohne jeden Wetterschutz im Freien, die Feuchtigkeit griff die empfindliche Elektronik an. Das war in meinen Augen ursächlich für die gesamte Misere. Als General Steinhoff das beheben ließ, hat sich die Situation ja schlagartig normalisiert.«

Nun hagelte es Argumente. Alle redeten sich in Rage. War das Thema die Ursache dafür, oder zeigten sich hier die Spätfolgen einer feuchtfröhlichen Nacht?

»Unser Starfighter«, klang es aus der Ecke, »war für die Bundeswehr, die nach dem Krieg eine ganze Generation von Jagdflugzeugen übersprungen hatte, ein technischer Quantensprung. Und die zahlreichen Veränderungen an der *Gustav*! Das ursprünglich getestete Flugzeug hatte mit dem später gelieferten außer der äußeren Hülle nicht allzu viel gemeinsam.«

»Richtig! Die USAF nutzte ihre Hundertvier ausschließlich als Schönwetterjäger. Wir wollten unbedingt ein Mehrzweckflugzeug, das auch im Nebel und im Nieselregen über weite Strecken Atombomben transportieren konnte. Das neue Flugzeug wurde durch die Umbauten eine Tonne schwerer, brauchte mehr Sprit, hatte damit eine kürzere Reichweite, und und und. Und – meine Herren ...«

Es war Wolfgang Czaia, unser Amerikaner, der sich einmischte.

»... wir hatten durch die häufigen Flugverbote generell zu wenige Flugstunden, damit zu wenig Übung im Handling der komplexen Maschine. Und es gab zu wenig Bodenpersonal.«

Die ganze Zeit über hatte ich Pit Vogler beobachtet, unseren Staffelkapitän. Elegant in britischem Stil gekleidet, hielt er den größten Kaffeepott von allen in der Hand.

»Sicher, Kameraden«, wandte er ein. »Ihr mögt alle recht haben. Aber bitte bedenkt: Der C-2 wurde gegen den Martin Baker eingetauscht. Es wurden Shelters gebaut, um die Mühlen witterungsunabhängig unterzubringen. Gegen Open Nozzle Failure* wurde wirkungsvoll etwas getan, wir haben die BLC** und die asymmetrischen Flaps (Landeklappen) in den Griff gekriegt. Die Wartung wurde erheblich verbessert, und wir haben nachher alle unsere 240 Stunden im Jahr geflogen und damit auch die NATO-Anforderungen erfüllt.«

Wahrscheinlich musste ein Dreisternegeneral so reden. Doch Peter Vogler, Generalleutnant a. D., hatte selbst Anfang der Siebzigerjahre einen Starfighter-Absturz überlebt. Das Triebwerk seiner Hundertvier fiel aus, als er auf einem Trainingsflug mit der zweisitzigen TF-104G über Norddeutschland unterwegs war. Er wies den zweiten Mann an, sich mit dem Schleudersitz herauszuschießen, blieb jedoch selbst im Cockpit und manövrierte notdürftig weiter.

»Ich wollte die Kontrolle behalten und darauf achten, dass der Bock niemandem auf den Kopf fiel.«

Als er das gewährleistet sah, verließ auch er das Flugzeug mit dem (Martin Baker-)Schleudersitz und landete unweit seines Flugzeugs in der eisigen Nordsee. Am Abend wurde an der Bar mit allen Kameraden gefeiert, die heilfroh waren, nicht wieder vor einem Sarg stehen zu müssen.

Victor Lakota trat vor. »Ich geb dem Pit Vogler recht«, sagte er. »Am meisten hat mich persönlich der Enthusiasmus beeindruckt, mit dem sich alle Luftwaffen- und Marinepiloten, allen Abstürzen zum Trotz, für den Starfighter begeistert haben. Ich kenne keinen Ein-

---

* Fehlerhafte Öffnung der Nachbrennerdüse
**Boundary Layer Control = Grenzschichteinblasung

zigen, der auch nur im Ansatz schlecht über die *Gustav* sprechen würde. Ich habe bisher nur Kameraden getroffen, die von unserem ehemaligen Flugzeug schwärmen.«

Ein schelmisches Lächeln huschte über sein Gesicht.

»Die *Gustav* war eben eine Diva. Schön, berühmt, professionell, aber unberechenbar und das eine oder andere Mal launisch.«

Konrad hing verzückt an Victors Lippen. Er hörte gar nicht mehr auf, eifrig und beifällig zu nicken. Fehlte nur, dass er seinen Bruder umarmt und geküsst hätte.

»Das stimmt«, bestätigte er todernst. Er strich ein paar imaginäre Fussel vom dunkelgelben Pulli und blickte dann wieder auf. »Oder ist jemand anderer Meinung?«

»Aber die Toten kann man nicht mehr fragen«, schloss Victor achselzuckend.

Cowboy

Überlandflüge waren für gewöhnlich dazu da, die Höhen- und Tiefflugnavigation im Ausland zu verbessern und sich mit Flugplätzen, Navigationshilfen, dem Funksprechverkehr und den fliegerischen Verfahren anderer Länder vertraut zu machen. Nebenbei hatte so ein Flug auch noch andere Reize: Wir lernten fremde Menschen, deren Städte und Mentalität kennen, kamen dadurch mal raus aus dem Alltag, kauften ein paar Sachen für die Lieben zu Hause ein. Es war wie ein kleiner Urlaub. Jeder in den Zeiten des Starfighters drängte sich danach.

Das *Unternehmen Cowboy* Anfang September 1969 hatte einen komplexeren Hintergrund.

Offiziell war es ein Test. Es sollte herausgefunden werden, ob die zig Starfighter, die zu Schulungszwecken in Luke AFB bei Phoenix, Arizona, stationiert waren, im Spannungsfall ohne größere Schwierigkeiten auf dem Luftweg nach Deutschland überführt werden konnten. Gleichzeitig sollte *Cowboy* die guten Beziehungen und die Zusammenarbeit zwischen Deutschland und den USA fördern.

So weit die offizielle Version.

Es drängt sich mir allerdings der Verdacht auf, dass der eigentliche Sinn, den Luftwaffeninspekteur General

Steinhoff damit verfolgte, ein anderer war. Nach einer schier endlosen Reihe von Abstürzen und Fehlfunktionen und einem aggressiven Medienecho sollte der Öffentlichkeit und nicht zuletzt der Luftwaffe selbst der Beweis erbracht werden, dass der Starfighter ein durchaus verlässliches Gerät war.

Um es vorwegzunehmen: Die Mission wurde ein voller Erfolg. Es war ein Sieg der Einfälle über die Zufälle. Es gab keinen Absturz, keine Pannen, kein Liegenbleiben wegen ausgefallener Hydraulik, kein versehentliches Absprengen eines Zusatztanks. Es gab nicht einmal blaue Flecken.

Aber lassen wir Victor Lakota, den echten, erzählen – eingerahmt von zwei älteren Zwillingsdamen, die in ihren gelb und grün schwingenden Kleidchen aussahen wie lange pensionierte Geigerinnen aus dem Salonorchester von André Rieu. Offenbar zur Feier des Tages oder zum Abschied hatten beide ein feierliches Piercing angelegt, die eine im rechten, die anders im linken Nasenflügel. Sie waren ja sooooo begeistert von all den jungen Piloten. Und Victor hatte den Fehler begangen, *Unternehmen Cowboy* zu erwähnen. Schließlich war er damals dabei gewesen.

Judas, der Schmuddelige, der die Story schon kannte, und Erwin, der Zottelige, der sie zum ersten Mal hörte, hingen gebannt an seinen Lippen.

»Der 1. September war ein Montag«, begann Victor, »und wir waren zu sechst. Lange vorher schon hatten die Briefings begonnen. »

Er fing den fragenden Blick der Zwillinge auf und verbessert sich.

»Die Einsatzbesprechungen. Ich dachte in jenen Tagen schon, es würde gar nicht mehr aufhören. Routenführung, Formationsflug, Navigation, Emergency Procedures, Wetter, Seegang, Notausrüstung, Seenot-Rettungsdienste, kurze Geschichte der Gastländer. Klar, so einen Flug mit sechs deutschen Starfightern über den Nordatlantik hatte es vorher noch nie gegeben. Sicherheitshalber hatte die Kommandoführung darauf bestanden, eigenes technisches Personal mitzunehmen. Die Leute flogen in zwei Begleitflugzeugen voraus.«

Konrad nickte. »Eine Transall und eine Breguet Atlantic. Transportflugzeug und Seeaufklärer.«

Er erhaschte einen innigen Dankesblick von gegenüber.

»Formation Leader und Kommandoführer war Oberst Kurt Stöcker, der Kommodore des Jagdbombergeschwaders 33 in Büchel. Wir starteten vom Flugplatz Jever in Ostfriesland aus in drei Zweierrotten im Abstand von zehn Minuten. Oberst Stöcker führte die erste Rotte an, ich war Wingman in der dritten Rotte.«

Victor warf einen prüfenden Blick ins Publikum. Sie hatten offensichtlich alle verstanden. Flügelmann in der Rotte.

»Erstes Ziel an diesem Montag war der Royal Air Force-Stützpunkt Lossiemouth in Schottland. Alles ging gut. Ich landete 25 Minuten nach Stöcker. Wir wurden von unseren eigenen Warten in Empfang genommen. Das Wetter war typisch für diese Breiten. Glasklare Sicht mit Regengüssen. Als ich kurz vor der Landung in einen solchen Schauer eintauchte, bildete sich ein kreisrunder Regenbogen, und in der Mitte war die Silhouette meines Flugzeugs zu erkennen.«

»Hihihi«, machte die links gepiercte Grüne. »Wissen Sie, was ein Schotte ist?«

Kurze Pause. Erwin hob neugierig den Kopf.

»Ich sag's Ihnen. Ein von seiner Familie wegen Verschwendungssucht verstoßener Schwabe.«

»Hahaha«, lachte die Gelbe mit dem Ring im rechten Nasenflügel. »Ein Schotte ist einer, der Selbstmord begeht, weil die Särge gerade billig sind.«

Nachdem sich das höfliche Gelächter wieder gelegt hatte, startete Victor wieder als Zweiter der dritten Rotte in Richtung Island, dem Land der Geysire, der reißenden Wasserfälle und der Vulkane (Eyjafjallajökull!).

»Ein riesiger Temperaturunterschied«, meinte er. »Bei uns in Deutschland hatten wir über zwanzig Grad. In Reijkjavik waren es gerade mal fünf.«

Victor hielt vornehm die Hand vor den Mund und hustete. Ein kritischer Blick über das Tischchen bestätigte ihm, dass die Damen noch wach waren.

»Keflavik heißt die Airbase der USAF in Island, auf der wir sechs Germans flugzeugtechnisch versorgt wurden. In Zeiten des Kalten Kriegs war Keflavik ein wichtiges Sprungbrett für die Amerikaner – und die einzige Möglichkeit für eine Maschine mit der Reichweite der Hundertvier, nach Grönland und danach nach Neufundland zu kommen.«

»Haben Sie dort übernachtet in Kelafek?«

Victor schenkte der Dame Gelbhutzel ein gnädiges Lächeln.

»Ja, und wie. Es war ein anstrengender Tag gewesen. Am nächsten Tag war Sondrestrom Air Base in Grönland dran. Dort gab es eine Verzögerung, weil an einer der sechs Maschinen das Hydrauliksystem versagte.

Aber unsere Techniker waren zur Stelle, und die Amerikaner hatten die nötigen Ersatzteile und unterstützten uns. Am gleichen Abend, es war der Dienstag, kamen wir in Goose Bay, Neufundland, an und übernachteten dort. Bisher hatten wir die ganze Strecke wie auf einem Routineflug abgespult. Die sechs *Gustavs* hatten bis auf das kleine Hydraulikproblemchen alles mitgemacht. Und das blieb auch so. Den ganzen Hinflug lang. Am Donnerstag landeten wir alle nach zwei weiteren Zwischenstopps in den Vereinigten Staaten in Luke Air Force Base und wurden überschwänglich begrüßt.«

Victor Lakotas Gesicht war gerötet vor Begeisterung. Die Altherrenpiloten hingegen starrten ins Leere. Konrad hing an seinen Lippen, und Erwin knurrte mit zu Schlitzen verengten Augen. Victor sah es, lächelte und normalisierte seine Gesichtsfarbe.

»Prost, darauf trinken wir!«, kam es plötzlich aus der Flügelecke. Die Damen hatten sich in lilaviolette Schleier gehüllt und sich ein neues Getränk kommen lassen. Beide machten einen vergeistigten Eindruck. Kein Wunder, ein edles Getränk ist wie flüssige Philosophie. »Auf die Starfighter! Wir sind mit ihnen aufgewachsen. Wie auch Sie, meine Herren. Stimmt's?«

Ja, es stimmte.

Pit Vogler brachte es später in seinem »Offenen Brief« auf den Punkt.

»Heute ist die *Gustav* in weiten Bereichen ihres Einsatzspektrums«, schreibt er, »nicht mehr das Nonplusultra. Jäger fliegen und steigen schneller, kurven enger. Jagdbomber folgen dem Gelände selbst im Tiefflug automatisch, Aufklärer tragen eine für den Starfighter unbekannte Zahl und Vielfalt besserer Sensoren. Die

Gustav wirkt wie ein zierliches Florett in einer Zeit, in der nur schwere Säbel zählen.«

Wie bei jedem Abschied schwingt etwas Wehmut mit, während ich diesen Text schreibe. Abschied nehmen ist immer ein kleines Sterben, sagt ein französisches Sprichwort. So ist es auch jetzt mit meiner alten Hundertvier, selbst nach vielen Jahren.

Bei Weitem nicht alle Erinnerungen konnte und mochte ich an dieser Stelle preisgeben. Ich habe versucht, mit dem Verstand zu erzählen. Stellenweise mag dies misslungen sein. Zu tief sitzt das Erlebte, zu intensiv sind die Gefühle, zu groß die Sympathie für ein technisches Gerät, das aus nichts als Blech, Elektrik und Hydraulik besteht, dem jedoch nicht einmal seine Gegner Stärke, Grazie und Eleganz absprechen konnten.

Die F-104G, ihr unverkennbares Triebwerksjaulen, der Rauch aus ihrer Düse und das Balkenkreuz an ihrer Fläche bleiben Teil meines Lebens.

»Zu schade für den Schrottplatz der Geschichte.«

Literatur

DER SPIEGEL 5/1966
Becker, Hans-Jürgen: Flugzeuge, die Geschichte machten. Starfighter F-104. Stuttgart 1998
Kropf, Klaus : »Deutsche Starfighter«. JOMO Medien-Service, Köln 1994
darin: Generalmajor Peter Vogler: »Offener Brief« an die F-104
Lang, Gerhard: »Strahlflugzeuge der Bundeswehr«. Stuttgart 2010
Ostermann, Axel: »Vikings for Take-Off«. Bonn 1999
Overhoff, Gert: »Check Six. Gibbons lachende Luftwaffe«. 1997